U0364741

杨 昆／编著

Environmental Management System of Hydropower Station Reservoir across Administrative Regions

The Case of
Pubugou Hydropower Station in Dadu River

跨行政区水电站库区环境管理体制机制研究

以大渡河瀑布沟水电站为例

社会科学文献出版社
SOCIAL SCIENCES ACADEMIC PRESS (CHINA)

编委会

目　录

绪　论

一　研究背景

大渡河是长江流域岷江水系最大支流，发源于青海省玉树藏族自治州境内阿尼玛卿山脉的果洛山东南麓，主源为足木足河，次源为绰斯甲河，两源于双江口汇合后始称大渡河。大渡河干流全长 1062 千米，在四川省境内长 852 千米，其中足木足河段长（双江口至若莫尔沟）203 千米；天然落差 4175 米，年径流量 470 亿立方米。大渡河流域水能资源丰富，开发强度较大，是国家规划的十三大水电基地之一。

目前，大渡河干流水电规划经过历次调整，共规划布置 28 个梯级水电站。瀑布沟水电站是其中的第 19 个梯级水电站，位于大渡河中游的四川省凉山彝族自治州甘洛县、雅安市汉源县和石棉县境内，是大渡河流域水电梯级开发的中游控制性水库工程。瀑布沟水电站为堤坝式开发，装机 3600 兆瓦，年发电量 147.9 亿千瓦时，水库正常蓄水位 850 米，总库容 53.37 亿立方米，调节库容 38.94 亿立方米，具有季调节性能。该水电站于 2001 年开始筹建，2004 年 3 月 30 日开工建设，2010 年 12 月 26 日 6 台机组全部投产运行。

1988 年，瀑布沟水电站开展了第一次环境影响评价，编制了《大渡河瀑布沟水电站环境影响报告书》。2003 年 4 月，国家电力公司成都勘测设计研究院编制了《四川大渡河瀑布沟水电站环境影响评价复核报告书》，并于同年 11 月获得环境保护部的批复。2014 年 4 月，环境保护部对《四川省大渡河瀑布沟水电站枢纽工程竣工环境保护验收调查报告》进行了验收。

瀑布沟水电站的建设和运行给相关河段和库区带来一系列不可避免的生态环境影响。特别是库区形成后的网箱养殖、集雨区水域漂浮垃圾、水生生物保护和消落带环境管理问题十分突出。瀑布沟水电站建成后，形成了有约 60 米消落带（比三峡工程库区消落带长约 30 米）的跨行政区的库区环境，涉及 2 市（州）3 县。因此，从库区和流域环境管理体制机制角度出发，通过探索运营期库区及集雨范围内现存或潜在的主要生态环境和环境管理问题，提出跨行政区水电站库区环境管理体制机制完善或改进方案，可为进一步减少瀑布沟水电站开发引起的不良生态环

境问题，以及类似流域水电开发运营期库区环境管理体制
机制的建立和环境政策的制定，提供一定的案例支撑和决
策参考。

二　研究思路

2016 年 1 月 5 日，习近平总书记在重庆召开的推动长
江经济带发展座谈会中强调，推动长江经济带建设发展必
须从中华民族长远利益考虑，走生态优先、绿色发展之
路。长江拥有独特的生态系统，是中国重要的生态宝库。
当前和今后相当长一个时期，要把修复长江生态环境摆在
压倒性位置，共抓大保护，不搞大开发。推动长江经济带
发展，必须从中华民族长远利益考虑，走生态优先、绿色
发展之路，使绿水青山产生巨大生态效益、经济效益、社
会效益，使母亲河永葆生机活力。根据习近平总书记关于
推动长江经济带绿色发展的战略思想，遵循"生态优先、
统筹考虑、适度开发、确保底线"的原则，从环境管理视
角开展减缓重大水利水电工程环境影响的研究，对有效减
少工程建设带来的环境不良影响、修复长江生态环境具有
重大意义。

本研究以瀑布沟水电站为研究对象，对水电站库区运
营期现存或潜在的生态环境问题和各层级行政管理部门、
发电企业环境管理现状进行调研和分析，结合中国典型库
区环境管理现状与国外流域环境管理的先进经验，分析瀑

布沟水电站库区环境管理存在的典型问题，提出解决跨行政区水电站库区环境管理问题的策略和现行河长制下库区环境管理体制机制的优化建议。本研究总体按照提出问题（瀑布沟水电站库区主要生态环境问题、环境管理问题）——剖析问题（分析可从环境管理视角解决的主要环境问题）——解决问题（跨行政区水电站库区环境管理的策略和现行河长制下库区环境管理体制机制的优化建议）的思路进行。

三　研究目标与研究范围

（一）研究目标

本研究的研究目标是基于大渡河瀑布沟水电站运营期对库区生态环境的影响和目前库区环境管理方面的不足，探索解决跨行政区水电站库区环境管理问题的策略和现行河长制下库区环境管理体制机制的优化建议。根据资料分析和现场调研，分析从环境管理视角解决库区水面及集雨范围内养殖水面管控、库区漂浮物管理、水生态保护和库区消落带环境管理策略以及现行河长制下库区环境管理体制机制的优化等问题，为水电开发企业、各层级行政主管部门等对库区的环境管理提供必要的案例支撑和决策参考。

（二） 研究范围

1. 空间范围

在空间范围上，重点关注瀑布沟水电站库区河段和集雨范围内陆域、水环境、水生态等环境问题和环境管理问题。

2. 权责范围

在权责范围上，重点关注瀑布沟水电站库区环境管理涉及的水电开发企业、各层级行政主管部门的环境管理措施和体制机制。

四　研究方法

本研究主要采用以下方法。

（一） 文献分析法

通过学术资源数据库（知网/维普/Elservier 等），搜集并整理有关瀑布沟水电站、大渡河流域水电站和中国跨行政区典型水电站库区环境管理方面的论文、统计数据、政策法规等基础资料，分析国内外有关水电站库区、流域环境管理的研究现状，全面了解政府行政主管部门环境管理的背景、发展状况等，为研究瀑布沟水电站库区环境管理体制机制提供重要参考。

（二） 实证分析法

通过现场调研、资料收集、部门访谈等方式，掌握和分析瀑布沟水电站运营期环境现状和变化趋势，以及各层级行政主管部门、水电开发企业环境管理的现状和局限性。通过借鉴国外流域环境管理的经验，完善和优化跨行政区水电站库区环境管理策略和体制机制。

（三） 比较分析法

通过对瀑布沟水电站库区及国内典型库区环境管理的现状和问题与国外流域环境管理的先进经验进行比较分析，概括现有跨行政区水电站库区环境管理策略存在的普遍性问题，为瀑布沟水电站库区环境管理体制及流域环境管理体制的完善提供思路。

（四） 模型计算法

在详细调查分析大渡河瀑布沟水电站库区水环境和生态环境现状的基础上，利用数学模型研究库区水环境承载力。从防止库区水质富营养化、保护库区水资源角度，识别网箱养殖的限制因素和库区水体利用功能，分析网箱养殖对库区水质的影响，形成网箱养殖综合评价指数，研究库区网箱养殖容量。

五 研究技术路线

根据瀑布沟水电站库区环境管理体制机制的研究思路和预期成果，本研究的总体技术路线如图 0 - 1 所示。

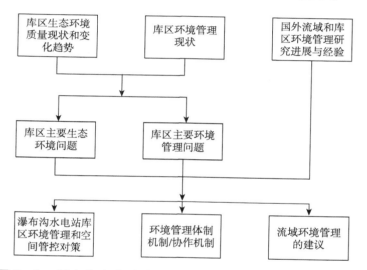

图 0 - 1 瀑布沟水电站库区环境管理体制机制研究技术路线

第一章

梯级开发对河流生态系统的影响
研究进展

  河流梯级开发指在河流或河段上布置一系列阶梯式的水利枢纽，以充分利用河流落差和渠化河道，最大限度地开发河流的水能、水运资源。河流梯级开发可分为大流域大规模的水利枢纽梯级开发和小流域小规模的水利枢纽梯级开发。大规模的河流梯级开发在调节水资源时空分布、提高水资源利用效率以及发挥水资源灌溉、发电、调洪等作用的同时，也对河流生态系统产生了不可避免的人为影响。因此，讨论和关注大规模的河流梯级开发对河流生态系统的影响具有重要意义。据统计，全球河流上约有40000个水坝，其中中国近29000个[1]。不断建设运营的大坝和蓄水系统很大程度上改变了淡水分配格局，引起了河流物理水文特征的变化，以及河岸生境的破碎化、蒸发量的加大和局地气候的改变等。而由此给区域生态环境带来的影响也逐渐引起人们的重视，各国先后开展了河流梯级开发与生态环境之间相互作用的研究。这类研究始于水坝建设对鱼类洄游的影响[2-3]，并逐渐从研究梯级开发对河流水文水质和理化特征、水库水温分层与营养物质迁移的改变到研究河流物种群落分布、生物多样性、廊道效应等生态系统结构和功能的变化。近年来，随着地理信息系统和遥感技术在宏观生态学领域的运用，国内外学者开始在大尺度时空范围内研究梯级开发对库区景观格局的影响。本章总结了梯级开发对区域生态系统、河流理化特征和库区气候、河岸带生态系统、水生态系统、湿地生态系统、景观生态系统的影响，并提出了需要继续深入研究的方向，以期为进一步研究梯级开发的生态影响提供理论指导。

一　梯级开发施工期的生态影响

在河流梯级开发过程中，施工工程会阻断河流和毁林占地，带来一系列的生态破坏。其中最重要的生态影响是大坝和相关设施（如道路、厂房、管理场所、营地等）施工范围内的陆生、水生动植物被直接破坏、毁灭。其次是施工过程中引发的水土流失。在传统的水电开发建设中，大量的土石方工程不可避免地要开山炸石、取土填筑，对周边的生态环境造成较大程度的破坏[4]。尤其是在某些土石方开挖量较大的施工建设中，弃渣不易集中堆放，导致水土流失更加严重[5]。梯级开发工程会改变土壤的物理条件，提高土壤密度，以致引发土壤侵蚀和水土流失，从而增加沉积物和重金属对河川径流和周围水体的影响。但目前对工程建设过程中及竣工后各种原因造成的水土流失等危害的研究较少。

二 梯级开发对河流理化特征和库区气候的影响

（一） 对河流理化特征的影响

梯级开发对河流理化特征的影响，主要与水库水位、分层、滞留时间、异重流、运用方式、出流部位、出流结构类型有关。梯级开发在某种程度上阻碍了营养要素以颗粒态迁移。另外，水流的相对减缓和水库的沉积作用，使营养物质以颗粒态沉淀在库底。强水动力条件下的河流搬运作用，将逐渐演变成为弱水动力条件下的"湖泊"沉积作用[6-7]。美国密苏里河 Callaham 水库出流水体的磷酸盐含量比入流水体低 50%，悬浮物中总磷含量低 75%[6]。对于多数水库而言，它们具有比自然湖泊更高的河流水量补给和换水频度，而太阳辐射和热量传输不平衡将导致季节性水体分层[8]。梯级开发引起的水温变化会对水体溶解氧的含量、悬浮物、水化学特性产生影响，进而影响水生生物的繁殖、生长和发育以及物种的分布、生态系统的结构和功能等。有研究发现，水温变化及其引起的连带影响在下游 100 千米以内都难以消除[9-10]。水温热力分层会改变和干扰生物生存环境，影响程度依赖下游支流的入流流量[11]。水温分层最直接的影响表现为水中溶解氧含量的分层分布。浮游植物能释放氧气，增加湖面温水层的溶解氧含量，而库底动植物分解所需的溶解氧不足，导致有机质厌氧分解，释放出 H_2S、CO_2、N_2O 等气体，使水体 pH 值降低。从宏观的角度来看，梯级开发会改变流域水量的分布和受影响河段的水位，引起水温在流域沿程和水深上的梯度变化。比起自然河段，梯级开发河段水温变化范围缩小，但变化频率增加[12]。

（二）对库区气候的影响

气候因子会随着纬度、海拔、季节和水热状况的变化而变化，是维持生态系统稳定的重要因素之一。梯级开发工程会明显影响库区的小气候。受梯级开发影响，自然河道形态改变，并形成湖泊水库，使水面蒸发面积增大，进而使水库蒸发量加大，最终影响局地气候。如澜沧江梯级水电站建成后，8 个梯级水库面积共 62112 平方千米，其水域面积比天然河流面积增加约 53211 平方千米，是天然水域面积的 710 倍，多年平均新增蒸发损失量达 212×10^8 立方米[13]。也有研究表明，梯级开发虽导致库区水面蒸发量增大，但对区域大气候的影响范围不大，一般在库区半径几十千米以内[14]。水库蓄水增加了库区的水汽蒸发，改变了空气的湿润状况，增加了库区的降水量，而库区外围区域所增加的水汽降水受到大气环流的影响，随着季节、盛行气流的不同而变化，因此大范围降水量的增加并不多[14]。梯级开发工程会使库区河谷面水分条件改善，进而使极端气温的温差缩小。水库周围的气温在炎热季节会降低 4℃ ~ 5℃，相对湿度将提高 10% ~ 15%[15]。徐琪[16]、侯学煜[17]和段德寅等[18]研究了长江三峡工程对库区局地气候的影响，其研究结果表明：夏季昼间库区水体的降温效应大于夜间的升温效应，冬季则相反；晴天对局地气候的影响大于阴天；垂直和水平的影响范围分别可达 400 米和 1000 ~ 2000 米。

梯级开发后，库区对温室气体排放的影响，因被开发河流所在地域的不同而有所差异。这也是目前学术界争论和讨论的热点问题之一。在热带地区，梯级开发库区所淹没的植被和土壤的降解需要消耗溶解氧，而库底有机质分解释放出 H_2S、CH_4 和 CO_2，因此水库会增加温室气体的排放量，水库释放的温室气体贡献率达 7%[12]。Frutiger[19]在巴西的研究表明，热带地区水库温室气体的释放量远高于温带地区，浅的水库远高于深的水库，温带和热带地区水库 CO_2 的平均排放量分别为 20 ~ 60g · kW^{-1} · h^{-1} 和 200 ~ 3000g · kW^{-1} · h^{-1}[20-21]。Aberg 等[22]在瑞典比较研究了具有相似特征的自然湖泊和梯级开发后的水库，其研究结果表明夏天自然湖泊和水库每单位水面面积的 CO_2 排放量相似，水库并没有增加 CO_2 排放量。Tremhlay

等[23]的研究表明,分别处于寒带、温带和半干旱地区的库龄大于 10 年的水库,其 CO_2 排放量与自然湖泊相似,而热带地区的水库 CO_2 排放量大于自然湖泊。与化石燃料燃烧发电相比,梯级开发水库发电在减少区域温室气体排放、减缓全球气候变化方面的优越性有待深入研究。

三 梯级开发对河岸带生态系统的影响

(一) 影响河岸带生态系统的方式

河流生态系统中的河岸带是介于河流和山地植被之间的生态过渡带[24]。与其他生态系统类型相比,河岸带生态系统拥有更丰富的动植物多样性,并为鸟类、两栖动物和其他生命体提供丰富的廊道和栖息地[25-28]。由于河岸带生态系统处于水陆交界处,因此其生物物理学要素,如地形、小气候、水土状况、营养物质状况和自然干扰机制等,都处于过渡阶段并影响栖息的动植物群落[29-30]。在自然状态下,大多数河岸带生态系统需要周期性的自然干扰来维系。周期性洪水在带来破坏的同时,也创造了动植物繁殖和生存的生境,并促成了物种的适应性和多样性[31-36]。

梯级开发会阻隔自然河流,干预河岸带生态系统的生态进程并影响植被群落的构成、丰富度和多样性。河流流量的人为调控也会影响水陆交界处的河岸带生态系统。这些影响效应会随着与河岸距离的增大而减小[24]。梯级开发后，水库流量调控可抑制洪水泛滥，并可能导致河道变窄、沉积物输送能力下降、河道弯度减小和生态系统退化等。那些需要周期性洪水抵挡外来物种竞争、带来营养物质、创造良好栖息地以及提高种子传播效率的原生河岸生物群落，在水库流量调控过程中由于洪水发生条件的丧失而失去了适宜的生存条件并逐渐衰落。因此，人为地调节水流会导致洪泛区萎缩并影响河岸带生态系统的完整性[37]。

（二） 对上下游河岸带生态系统的影响及其差异

梯级开发对上下游河岸带生态系统存在不同程度的影响。原有河岸带陆生植物群落在梯级开发水库蓄水后逐渐被淹没、消亡，而随着水库蓄水高度的增加，以耐淹物种为主的消落带湿地生态系统在一定范围内形成。由于蓄水后河岸带生境条件（海拔、土壤水分、水文过程等）发生了改变，植物群落的组成和结构也发生明显变化。王强等[38]、谭淑端等[39]对三峡工程蓄水后库区河岸消落带植物群落变化的研究结果表明：原陆生生态系统转变为湿地生态系统，三峡水库水位高于 150 米的天数长达半年；长期的水淹条件导致耐淹种类成为优势种，不耐淹种类消失，植物群落组成和结构与建坝前产生明显差异。

坝下河岸带植物群落多样性的变化与梯级开发后水流调控和泥沙悬浮物的截留效应有关。Rood 等[31-33]研究表明，库区水流调控对梯级开发河流的下游河岸带植物群落造成了负面影响。由于蓄水或发电的需要，大坝下游的水量减少，河流水量受到规律性调控，自然洪水干扰的频率和强度大大降低，限制了沉积物流入下游，不利于创造植物扎根和繁衍的栖息地，并会影响下游植物的物种分布和繁衍，对河岸带植物群落的形成和结构产生一定的不利影响[40-41]。Franklin 等[42]、Marston 等[43]研究表明，库区水量调控以及大坝对沉积物的沉淀和阻隔作用使下游河道不断收缩，也使沿着河岸生长的植物群落相应改变，表现为生物量增加而物种多样性减少。

自然河流河岸植被的发育和生长与河流自然特征的变化密切相关[44]。梯级开发后，河流水量的调控会减少自然洪水干扰的频率，改变某些特定植被发育和生长的生境，从而影响河流下游河岸植被生态系统的结构和组成、物种的丰富度和多样性。Mallik 和 Richardson[24]在加拿大研究梯级开发对下游河岸带生态系统影响的结果表明，库区水流控制和蓄水使沉积物在下游的供应受到限制，加上缺乏自然周期性的洪水干扰，坝下河岸乔木[巨口红杉(Sequoia sempervirens)和红恺木 (Aluus rubra)] 栖息地的种床条件受到影响，导致下游乔木覆盖度减小；由于红杉的再生需要暂时性洪水，故洪水频率和强度的降低会影响其覆盖度；由于大坝下游乔木数量减少、郁闭度降低，因此阳光会透进下木层，增加河岸带草本植物的覆盖度和物种多样性；大坝下游的乔木覆盖度降低，会影响下游河岸带生态系统的物种丰富度和多样性，最终影响河流的理化性质和生物特征，同时导致河岸带生态环境中的固氮量减少；由于河岸植被可为河流食物链提供丰富的腐殖质，因此乔木层植被覆盖度减少会引起河流水质和水生态系统的巨大改变，导致河流生产力下降[24,44-45]。有研究表明，加拿大不列颠哥伦比亚省河流梯级开发导致下游红杉覆盖度下降，对鱼类数量也具有一定影响[24]。

梯级开发对上下游河岸带生态系统的影响存在明显差异。Jansson 等[45]在瑞典运用 Jaccard 指数分析了 Lule 河植物群落组成相似度，其研究结果是坝上游与下游植物群落组成的相似度低于对照组，表明梯级开发工程会阻碍河岸带植物群落的分布与扩散。Mallik 等[24]对加拿大不列颠哥伦比亚省 3 条梯级开发河流（Coquitlam，Allouette 和 Cheakamus）的研究发现，Coquitlam 河和 Allouette 河大坝上游的物种丰富度比下游高，3 条河流坝下样地的乔木覆盖度都明显下降，而草本植物覆盖度明显上升，尤其是 Allouette 河下游的草本植物覆盖度超过 26%，而该河上游却不到 10%；3 条河流坝上与坝下的乔木、灌木、苔藓植物、蕨类和草本植物的覆盖度都发生了变化。在河流梯级开发中，大坝的建立对于依靠水媒传播种子且种子漂浮能力较弱的植物影响较大。河流梯级开发后，库区水体流速降低，植被漂浮的种子媒体或下沉或被风席卷上岸，只有少数种子媒体可能通过涡轮机或泄洪坝到达下游。只能靠短时间漂浮的种子媒体进行繁殖的植被，由于不适应河流水文条件的改变，而逐渐消失于梯级开发的河流中。因此，下游河岸植物种类可能来源于下游其他部分区域及周围高地，而不是来源于上游地区，河流梯级开发后造成上下游植被物种上的差异[46]。

四 梯级开发对水生态系统的影响

（一）截留效应和阻隔效应的生态影响

截留效应和阻隔效应是河流梯级开发诱发一系列水生态影响的主要因素。这两种效应通过调控河道水流、泥沙等条件而改变梯级开发后河道的形态，引起河流生态系统中物质流和能量流以及河岸带植被、水生附着生物、无脊椎动物和鱼类等生境的改变。这些生境变化影响的范围从河床底质到河道浅滩和深槽，直至河漫滩，涉及范围很大，最终会导致河流生态系统发生改变[45,47]。另外，梯级开发对河流泥沙、营养物质等的截留效应和阻隔效应，可在很大程度上调节和重新配置上下游河道的物质、能量和水流时空分布特征，影响某些特殊物种的生存，从而影响和改变河流物种的分布格局[48]。

梯级开发的截留效应和阻隔效应会改变下游水生生物的生境。梯级开发通过对水流的调控，改变原来河流泛滥形成的辫状河道和不规律流量形成的网状河道，导致其规律化和简单化，从而使那些需要特定河流水文条件的产卵洄游鱼类〔如三文鱼（Oncorhynchus）、美洲河鲱（Clupea pallasi）、大西洋鲟（Acipenser sturio）、白鳍豚（Lipotes vexillifer）和印河豚（Platauista minor）等][47-48]受到较大影响。Ligon 等[47]研究了梯级开发坝下河床构成改变与洄游鱼类的关系，其研究结果表明，洪水频率的降低和洪峰量的减少可引起下游鱼类产卵区面积缩小，形成产卵的不利条件，导致鱼卵和种鱼在产卵区死亡。美国佐治亚州奥康尼河（Oconee River）上进行水利工程开发后，整条河道上很少出现由于洪水泛滥形成的漫滩。这些漫滩是棘臀鱼（Lepomis gibbosus）和加州鲈鱼（Micropterus salmoides）等鱼类必要的生存场所、避难所和觅食地。漫滩的逐渐减少使这些鱼类数量也逐渐减少，进而导致捕食这些鱼类的游泳动物种群数量减少[47,49-51]。有关河流泥沙截留影响下洄游鱼类生境的研究表明，美国俄勒冈州莫看泽河（Mckenzie River）的美洲豹大坝（Cougar Dam）阻碍了砾石向坝下输送后，原河边漫滩依较大粒径砾石河床形成的三文鱼产卵场逐渐消失，导致洄游产卵的三文鱼逐渐减少；该河道的泥坑、回水和原本由河水泛滥形成的河滩也逐渐消失，破坏了三文鱼仔鱼生存的生境，导致 1969 ~ 1986 年该河流三文鱼总体数量减少了 50%[47,52]。Morita 和 Yamamoto[53]建立了一种逻辑斯谛生态模型，研究梯级开发的阻隔效应对白点鲑（Salvelinus Leucomaenis）的影响，结果表明 87.5% 的白点鲑以及 1/3 的白点鲑栖息地将在 50 年后消失。

梯级开发的截留效应和阻隔效应可在某种特定条件下给水生生物创造新的适宜生境，并影响和改变其种群分布格局。James 和 Deverall[54] 对新西兰怀塔基河（Waitaki River）梯级开发前后钦诺克三文鱼（Chinook Salmon）生境和种群数量变化的研究表明，钦诺克三文鱼一般在小支流的河床进行产卵和孵化，随后仔鱼被泛滥洪水推到大河道后进入海洋，并往往由于过早地暴露于高盐度的海水中或被捕食而死亡，但梯级开发后，水流趋于平稳，河床变化频率降低并趋于稳固，创造了更有利于钦诺克三文鱼产卵和孵化的生境与条件，导致其数量逐渐增多。而梯级开发的阻隔效应，使上下游的水生生物分布产生变化。Barrow[55] 研究认为，年幼的乌龟和凯门鳄能够通过泄洪道或涡轮机，但成年的水生哺乳动物无法通过，河流梯级开发对该类物种在河流中的分布特征产生了一定影响。梯级开发不但是某些游泳动物活动的障碍，也是水生植物分布的屏障。例如，在梯级开发后，自由流动的河流下游水生维管植物数量较开发前明显减少[45]。

梯级开发的截留效应还可导致上游库区蓄水后水体理化性质发生改变，影响河流生态系统稳定。水库形成后，水动力减弱、透明度增加，使水生态系统由以底栖附着生物为主的"河流型"异养体系向以浮游生物为主的"湖沼型"自养体系演化[56]。但水库中被淹没的土壤和植被的养分分解，以及大坝截留效应容易造成水库富营养化[57]。如乌江渡大坝修建后，库区总磷严重超标，水体严重富营养化[58]。在富营养化水体中，藻类容易蔓延繁殖，消耗水体的溶解氧，不但影响水体的气味，还影响其他有机物的光合作用[58-59]。周建波和袁丹红[60]对东江水库的研究表明，建库后库区水生微生物分离出的异养菌种类较建库前增加了近 1 倍，数量增加了 3~4 倍，藻类较建库前增加了44 属。水库富营养化后，会产生"分层"现象，无氧层将在水库中维持很长一段时间，严重情况下，几乎无鱼可在水库中生存，如布罗科蓬多水库（Brokopon-do）出现过类似状况，而脱氧库的水排泄将威胁下游河流 50 千米内的鱼类[61-62]。美国的哥伦比亚河（Columbia River）和斯内克河（Snake River）在每年汛期进行大坝泄洪，因氮气过饱和而造成下游三文鱼幼苗死亡[63]。库区蓄水还可能导致漂浮高等水生蔗类植物增生，影响库区生态系统稳定。Barrow[55]在巴西亚马孙流域的研究表明，在农业灌溉的水库中，红萍（Azolla spp.）大量繁殖会遮挡阳光，使库区其他水生植物光合作用减弱，导致水体缺氧，最终影响水生生物的生存，还可能对库区农业生态系统造成危害。

（二）外来物种的入侵

河流梯级开发的蓄水系统和大坝，有增加水体物种入侵的可能性。一方面，梯级开发工程使自然河流更容易受到人类活动的干扰；另一方面，梯级开发后的河流生态系统属于未稳定且年轻的生态系统，抗外界干扰和物种入侵以及维持自身稳定状态的能力较弱，较易受到生物入侵的影响，从而出现生态系统失衡。Johnson 等[64]比较了美国威斯康星州 4200 个自然湖泊和 1081 个水库，其研究结果表明，水库受人类活动干扰的频率比自然湖泊高68%，河流梯级开发蓄水系统提供了一个便于外来物种入侵和蔓延的场所。库区生态系统形成的时间长短，是判断是否容易受外来物种入侵的主要因素之一。越年轻的库区生态系统，越容易受到外来物种入侵的干扰。

梯级开发和外来生物入侵，已成为威胁淡水生态系统的主要因素。梯级开发蓄水系统增加了非本地物种的定植和成活率，是促进外来物种入侵的中介[65-67]。与陆地和海洋生态系统相比，淡水生态系统的物种受到威胁、濒危甚至灭绝的比例都较高[68-69]。

五 梯级开发对湿地生态系统的影响

湿地具有强大的物质生产功能，蕴藏着丰富的动植物资源，既可作为直接利用的水源或补充地下水，又能有效控制洪水和防止土壤沙化，还能滞留沉积物、有毒物、营养物质，从而减少环境污染。湿地对维持河流生态平衡、保持生物多样性有重大意义，被称为"地球之肾"。河流梯级开发会影响河漫滩湿地的水量及其时空分布特征，影响湿地的生态结构和功能，甚至可能导致湿地干涸消失，如阿姆河与锡尔河终点交汇处的咸海[70]。梯级开发对湿地的生态影响，与湿地类型及其所处的位置密切相关。

水库蓄水和调洪改变了河道累积合力，使流入下游湿地的水量和频率都受到很大影响，导致湿地动植物的生境受到破坏，使湿地生态系统类型和结构发生改变，并且引发更大范围的生态累积效应，进而导致湿地面积缩小甚至干涸。Gehrke 等[71]、Kingsford 和 Thomas[72]研究表明，澳大利亚麦考利河（Macquarie River）上的 Burrendong 坝建造后，下游麦考利湿地（Macquarie Marshes）水量大大减少，湿地面积萎缩，本地鱼种和水鸟栖息地都相应消失；1949～1991 年，湿地中心地带的赤桉（Eucalyptus camaldulensis）面积减少 14%，双穗雀稗（Paspalum distichum）减少 40%，相应地长出了旱地植被[73]；原生的虫纹石斑鱼（Maccullochellapeeli）减少，水中只剩下 106 种本地鱼类；湿地面积的减少直接影响了群栖水鸟类（如鹮（Thaumatibisgigautea）、白鹭（Ardeaalba）和苍鹭（Ardeacinerea）〕在整个大洋洲大陆的数量。麦考利湿地东北部的水鸟种类和丰富度也正逐年减少和降低[71,74]。学者对大洋洲墨累河（Murray River）流域莫伊拉湿地（Moira Marshes）的研究发现，湿地植被如赤桉、二色桉（Eucalyptus Largiflorens）等桉树栖息地生境都受到梯级开发的破坏，湿地植物群落的组成、生长和再生都受到洪水量减少的影响[75-76]，如需要经常性洪水的植物〔如芦苇（Phragmites australis）〕减少，而能够适应较长无洪水周期的二色桉在边缘地带替代了赤桉；乔木层树冠和再生情况的改变，增加了死亡率；鱼、水鸟、蛇和水蛙的数量也大量减少，最终影响到整个湿地生态系统[77-79]。吴龙华[80]、朱海虹[81]研究了三峡工程对下游鄱阳湖湿地的影响，其研究结果表明，三峡水库减泄流量（10月）和增泄流量（3~4月）都会影响鄱阳湖湿地的水位，从而使湿地候鸟保护区滩地生境发生改变，影响候鸟的迁徙、觅食和栖息。邝凡荣[82]研究表明，三峡建坝发挥"拦洪补枯"的作用后，洞庭湖枯水期的水位有所抬高，导致洲滩湿地减少，从而减少了珍稀候鸟的有效越冬空间（枯水期正好是珍稀候鸟在洞庭湖的越冬期），给鸟类的栖息和生存造成了不利影响。

梯级开发后，无规律的洪水模式变成了规律的泄洪模式，使河流下游间歇性湿地成为常年湿地[83]。间歇性湿地有利于无脊椎动物生物多样性的增加，而梯级开发后，缺乏周期性洪水的间歇性湿地的动植物多样性降低，对当地鱼类和水鸟的食物供应量产生很大影响[84-85]。

蓄水导致河流上游的湿地被淹没，原有动植物的生境和栖息地受到破坏，生态系统逐渐发生转变。有研究发现，梯级开发淹没上游湿地后，适应平静湖水的物种逐渐代替无脊椎动物种群成为优势种。与淹没前的间歇性沼泽生境相比，无脊椎动物的多样性和丰富度有所减少[84,86]，而漫滩区的桉树和蓼属植物则死于长期水浸。据统计，由于长期水淹，马兰比吉河（Murrumbidgee River）部分湿地的14种水鸟数量下降和2种水鸟数量增多[73,87]。

六　梯级开发对景观生态系统的影响

河流生态系统具有四维空间结构（纵向、横向、垂向和时间尺度），具有连续性和完整性；维持河流纵向和横向的连通性，对许多物种的生存非常重要[88]。河流作为景观基质上的廊道，对河岸两侧的动植物迁移和分布起到一定的阻隔作用。但河流梯级开发可能会增加上游河流景观的岛屿化，削弱下游景观的隔离程度。由于水流控制，坝下的流量可能减少甚至干涸，隔离作用逐渐消失，使景观学上原本被河流阻隔的两个"岛屿"连接起来。对坝上水库来说，隔离形成的水库都可看成大小、形状和隔离程度不同的"岛屿"，原本生长在连续生态系统中的物种群落在生境岛屿化后形成分散、孤立的生境斑块，其死亡率可能增加[89]。

河流梯级开发程度是流域受人类活动影响大小的衡量依据，是区域景观变化的主要影响因子。流域植被和水域的景观破碎程度与梯级开发程度呈正相关关系，而流域植被和水域的景观多样性与梯级开发程度呈负相关关系[90]。Ouyang 等[90]、师旭颖等[91]对中国黄河流域梯级开发对区域景观影响的研究结果表明，黄河流域水电开发梯度的增加导致景观斑块数逐年增多，1977～2006 年景观破碎度从 0.146 增至 0.407；区域景观形状指数逐渐增加，表明景观总体形状复杂化，受人类活动影响加剧；1977～1996 年，景观多样性和均匀度指数均增加，各景观类型间聚合度减少，景观更加丰富化和均匀化。

七　结论和启示

有关河流梯级开发生态影响的研究，最初主要集中在梯级开发建坝后对坝址上下游生境的破坏，以及由此引起的河流水文特征和泥沙条件的改变对水生生物的影响。随后，学者逐步开展了梯级开发对库区气候、水生态系统、湿地生态系统、河岸带生态系统和景观生态系统的影响等方面的研究。而这些研究都是基于梯级开发的截留效应、阻隔效应和边缘效应等进行的一些衍生发展和探索。目前河流梯级开发的生态影响研究对象相对独立，大多未能综合考虑梯级开发对不同生态因子影响后的连锁反应和累积效应[92]。因此，需在以往研究的基础上选择受梯级开发影响的重要生态因子进行相关性分析，并耦合相关生态模拟模型；应关注梯级开发引起的生态正效应，并在梯级开发后水库群运行和联合调度时期，研究正负生态效应综合影响的作用，为梯级开发运营期合理调度和调控水量、修复流域生态现状提供理论基础；在时间尺度上，应对不同时期梯级开发引起的区域生态结构和功能的变化进行演变趋势分析，开展梯级开发后生态系统演替发展和稳定状态研究。

第二章

国内外流域和库区环境管理现状

一 国内库区环境管理机构和模式

（一）管理机构设置相关规定

1. 《中华人民共和国水污染防治法》（2017 年修正）

按照现行《中华人民共和国水污染防治法》（以下简称《水污染防治法》）确立的管理体制，由县级以上人民政府环境保护主管部门对水污染防治实施统一监督管理；交通主管部门的海事管理机构对船舶污染水域的防治实施监督管理；县级以上人民政府水行政、国土资源、卫生、建设、农业、渔业等部门以及重要江河、湖泊的流域水资源保护机构，在各自的职责范围内，对有关水污染防治实施监督管理。即中国实行统一管理与分部门管理相结合的管理体制。

按照《水污染防治法》，中国水环境管理的机构有：①国务院和县级以上人民政府的环境保护行政主管部门，即各级环境保护局；②交通主管部门的海事管理机构；③县级以上人民政府水行政、国土资源、卫生、建设、农业、渔业等部门；④重要江河、湖泊的流域水资源保护机构[93]。

2.《中华人民共和国水法》（2016 年修正）

按照现行《中华人民共和国水法》（以下简称《水法》），中国实行流域管理与行政区域管理相结合的水资源管理体制。国务院水行政主管部门负责全国水资源的统一管理和监督工作。国务院水行政主管部门在国家确定的重要江河、湖泊设立流域管理机构，各流域管理机构在所管辖的范围内行使法律、行政法规规定的和国务院水行政主管部门授予的水资源管理和监督职责。县级以上地方人民政府水行政主管部门按照规定的权限，负责本行政区域内水资源的统一管理和监督工作。国务院有关部门按照职责分工，负责水资源开发、利用、节约和保护的有关工作。县级以上地方人民政府有关部门按照职责分工，负责本行政区域内水资源开发、利用、节约和保护的有关工作。

根据《水法》的规定，国家水行政主管部门对水资源实施统一管理，水资源管理的一项重要内容就是防治水体污染，改善生态环境，即保护水环境。中国对水资源实施环境管理的机构有：①国务院和县级以上地方人民政府水行政主管部门;②国务院和县级以上地方人民政府中负责水资源保护的有关部门;③国务院水行政主管部门在国家确定的重要江河、湖泊设立的流域管理机构[93]。

3. 小结

按照《水污染防治法》和《水法》,中国水环境管理机构主要有以下三类。一是国务院和县级以上地方人民政府的环境保护主管部门和水行政主管部门。二是国务院和县级以上地方人民政府中与水污染防治和水资源保护有关的其他部门。例如,交通主管部门的海事管理机构,以及县级以上人民政府国土资源、卫生、建设、农业、渔业等部门。三是重要江河、湖泊的流域管理机构。

中国现有长江水利委员会、黄河水利委员会、珠江水利委员会、海河水利委员会、淮河水利委员会、松花江水利委员会与辽河水利委员会和太湖流域管理局。各流域管理机构是水利部的派出机构,是具有行政管理职能的事业单位。

(二) 管理机构配置及其职能

上述中国水环境管理体制的组织机构,其相应的职能部门见图 2 - 1。

1. 环境保护主管部门

2018 年国务院机构改革之前,中国环境保护主管部门以内设机构——水污染防治处为主开展水污染防治监督管理工作。该处的主要职责包括:①拟定全国水污染

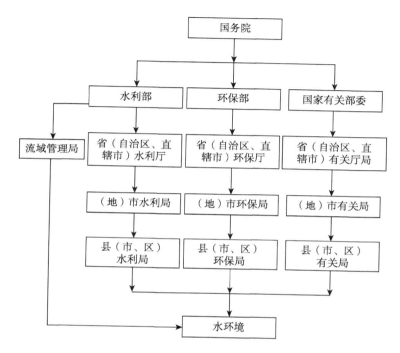

图 2-1 中国水环境管理机构[93]

注：为 2018 年机构改革之前的管理机构。

防治的政策、法规、规章和标准，并监督实施；②负责重点流域水污染防治工作的监督管理，组织拟定重点流域水污染防治规划及重点江河跨省界水质标准，并监督实施；③组织开展全国水环境功能区划分及饮用水水源保护工作，指导地方和流域水污染防治工作。

2018 年国务院机构改革后，生态环境部"三定方案"规定：生态环境部下设水生态环境司，负责全国地表水生态环境监管工作，拟定和监督实施国家重点流域生态环境规划，建立和组织实施跨省（国）界水体断面水质考核制度，监督管理饮用水水源地生态环境保护工作，指导入河排污口设置。

此外，"三定方案"第六条提出，长江流域生态环境监督管理局、黄河流域生态环境监督管理局、淮河流域生态环境监督管理局、海河流域生态环境监督管理局、珠江流域生态环境监督管理局、松辽流域生态环境监督管理局、太湖流域生态环境监督管理局，作为生态环境部设在七大流域的派出机构，主要负责流域生态环境监管和行政执法相关工作，实行生态环境部和水利部双重领导、以生态环境部为主的管理体制，具体设置、职责和编制事项另行规定。

2. 水行政主管部门

2018 年国务院机构改革之前，中国水行政主管部门水利部主要职责包括：①承担水环境管理的职能，拟定水利工作的方针政策、发展战略和中长期规划，组织起草有关法律法规并监督实施；②统一管理水资源（含空中水、地表水、地下水）；③组织拟定全国和跨省（自治区、直辖市）水长期供求计划、水量分配方案并监督实施；④拟定节约用水政策，编制节约用水规划，制定有关标准，组织、指导和监督节约用水工作；⑤拟定水资源保护规划，组织水功能区的划分和向饮水区等水域排污的控制，监测江河湖库的水量、水质，审定水域纳污能力，提出限制排污总量的意见；⑥组织、指导水政监察和水行政执法，协调并仲裁部门间和省（自治区、直辖市）间的水事纠纷；⑦组织全国水土保持工作。

2018年9月，水利部"三定方案"明确其主要职责包括：①负责保障水资源的合理开发利用；②负责生活、生产经营和生态环境用水的统筹和保障；③按规定制定水利工程建设有关制度并组织实施；④指导水资源保护工作；⑤负责节约用水工作；⑥指导水利设施、水域及其岸线的管理、保护与综合利用；⑦指导监督水利工程建设与运行管理；⑧负责水土保持工作；⑨指导水利工程移民管理工作。可见，水利部职责以水资源保护和开发利用以及水利工程管理为主。

在水利部内设机构中，与江河水库水环境管理密切相关的机构有水资源管理司和河湖管理司。水资源管理司职责包括：①承担实施最严格水资源管理制度相关工作，组织实行水资源取水许可、水资源论证等制度，指导开展水资源有偿使用工作；②指导水量分配工作并监督实施，指导河湖生态流量（水量）管理；③组织编制水资源保护规划，指导饮用水水源保护有关工作；④组织开展水资源调查、评价有关工作，组织编制并发布国家水资源公报；⑤参与编制水功能区划和指导入河排污口设置管理工作。河湖管理司职责包括：①指导水域及其岸线的管理和保护，指导重要江河湖泊、河口的开发、治理和保护，指导河湖水生态保护与修复以及河湖水系连通工作；②监督管理河道采砂工作，指导河道采砂规划和计划的编制，组织实行河道管理范围内工程建设方案审查制度。

3. 与水污染防治和水资源保护有关的其他部门

国务院和县级以上地方人民政府的经济综合部门负责做好国民经济、社会发展计划和生产建设中的环境资源保护综合平衡工作。

《水污染防治法》规定：交通主管部门的海事管理机构对船舶污染水域的防治实施监督管理。县级以上人民政府国土资源、卫生、建设、农业、渔业等部门，在各自的职责范围内，对有关水污染防治实施监督管理。

《水法》规定：国务院有关部门按照职责分工，负责水资源开发、利用、节约和保护的有关工作。县级以上地方人民政府有关部门按照职责分工，负责本行政区域内水资源开发、利用、节约和保护的有关工作。《水法》对实施水资源保护的部门未予以具体明确。

2018 年国务院机构改革后，中国涉及水资源、水环境管理的机构及主要职能见表 2－1。整体来说，水利部负责水资源开发利用和保护，自然资源部负责水资源资产管理，生态环境部负责水环境质量改善，交通部负责交通领域水污染控制管理。

表 2－1　中国水资源、水环境管理机构及其职能[94]

部门	水资源、水环境管理有关职能
水利部	水资源保护和开发利用；水利工程建设、运行管理；水利设施、水域及其岸线的管理、保护与综合利用

续表

部门	水资源、水环境管理有关职能
生态环境部	拟定和监督实施国家重点流域生态环境规划，建立和组织实施跨省（国）界水体断面水质考核制度，监督管理饮用水水源地生态环境保护工作，指导入河排污口设置
自然资源部	水资源基础调查、变更调查、动态监测和分析评价；水资源资产价值评估和资产核算；合理开发利用水资源、建立水资源价格体系；拟定水资源开发利用标准，指导节约集约利用
交通部	内陆航运与污染控制管理

4. 重要江河、湖泊流域水资源保护机构

目前，流域管理机构在水环境管理方面的职能包括：①负责《水法》等有关法律法规的实施和监督检查，拟定流域性的水利政策法规，负责职权范围内的水行政执法、水政监察、水行政复议工作，查处水事违法行为。②组织编制流域综合规划及有关的专业或专项规划并负责监督实施；组织开展具有流域控制性的水利项目、跨省（自治区、直辖市）重要水利项目等中央水利项目的前期工作，按照授权对地方大中型水利项目的前期工作进行技术审查，编制和下达流域内中央水利项目的年度投资计划。③统一管理流域水资源，包括地表水和地下水。组织流域水资源调查评价，组织拟定流域内省际水量分配方案和年度调度计划以及旱情等紧急情况下的水量调度预案，实施水量统一调度。组织或指导流域内有关重大建设项目的水资源论证工作，在授权范围内组织实行取水许可制度，指导流域内地方节约用水工作，组织或协调流域主要河流、河段的水文工作，指导流域内地方水文工作，发布流域水资源公报。④负责流域水资源保护工作，组织水功能区的划分和向饮用水水源保护区等水域排污的控制，审定水域纳污能力，提出限制排污总量的意见；负责省（自治区、直辖市）界水体、重要水域和直管江河湖库及跨流域调水的水量和水质监测工作。⑤指导流域内河流、湖泊及河口、海岸滩涂的治理和开发；负责授权范围内河段、河道、堤防、岸线及重要水工程的管理、保护和河道管理范围内建设项目的审查许可，指导流域内水利设施的安全监管。⑥组织实施流域水土保持生态建设重点区水土流失的预防、监督与治理，组织流域水土保持动态监测工作，指导流域内地方水土保持生态建设工作。

根据 2018 年 8 月生态环境部"三定方案"，中国七大流域生态环境监督管理局主要负责流域生态环境监管和行政执法相关工作，实行生态环境部和水利部双重领导、以生态环境部为主的管理体制，具体设置、职责和编制事项另行规定。

（三）管理机构职权运行机制

对水环境实施管理的部门，主要是生态环境主管部门和水行政主管部门。以下对中国水环境管理体制运行机制的分析以上述两个部门为主。

1. 协调机制

中国水环境管理实行的是流域管理与行政区域管理相

结合的体制。因此，中国水环境管理体制中的协调机制主要涉及各部门之间的协调和各行政区域之间的协调。

相关法律中有关协调机制的规定较少。《水污染防治法》第三十一条规定："跨行政区域的水污染纠纷，由有关地方人民政府协商解决，或者由其共同的上级人民政府协调解决。"《水法》第五十六条规定："不同行政区域之间发生水事纠纷的，应当协商处理；协商不成的，由上一级人民政府裁决，有关各方必须遵照执行。"这两条法律为不同行政区域的水污染纠纷和水事纠纷提供了协调途径。

在环境管理体制中，2001年国务院建立了全国环境保护部际联席会议制度。该制度是环境保护的部际协调机制。会议的成员由国家发改委、原环保部等各部委的主要负责人组成。该会议制度主要通过定期的联席会议的形式行使职权，通报主要环保工作，协调解决重大环境问题和履行国际环境条约，从而承担环境保护的部际协调职能。环境保护督查中心作为原环保部派出的执法监督机构，也具有协调职能，即承办跨省域和流域的重大环境纠纷的协调处理工作，负责跨省域和流域环境污染与生态破坏案件的来访投诉受理和协调工作。

2. 执行机制

环境管理执行机制的主要内容包括环境执法机构的设置、执法手段、执法理念、执法能力等。

长期以来，中国环境执法机构的设置与环境行政机构的设置相对应。在中央层面，原环保部内设环境监察局，行使环境行政执法职能；在地方层面，省（自治区、直辖市）、市（自治州）和县（市、区）分别由环境行政机构的内设机构——环境监察总队、环境监察支队、环境监察大队等专门行使执法职能。四级执法机构之间的关系与四级环境行政机构之间的关系相一致，在业务上受上级对口部门指导，在行政上则由本级环境行政机构管辖，接受本级环境行政机构领导，最终对本级政府负责。为加快解决以块为主的地方环保管理体制存在的突出问题，2016 年，中共中央办公厅、国务院办公厅印发了《关于省以下环保机构监测监察执法垂直管理制度改革试点工作的指导意见》，要求市县两级环保部门下属的环境监察执法机构由省级环保部门垂直管理。河北、上海、江苏、福建、山东、湖北、重庆等试点省（市），以及江西、天津等非试点省（市）出台了本省（市）垂直改革相关文件。2018 年国务院机构改革后，生态环境部于 11 月发布《关于统筹推进省以下生态环境机构监测监察执法垂直管理制度改革工作的通知》，要求 2019 年 3 月底前全面完成省级环保垂改实施工作。垂直改革后，地方政府/相关部门对环境监测监察执法的干预将得到一定程度解决，同时可以统筹跨省域、跨流域环境管理问题。

《水政监察工作章程》（2000 年发布，2004 年修正）对水行政执法做了明确规定，指出水利部组织、指导全国的水政监察工作。水利部下属的流域管理机构负责法律、法规、规章授权范围内的水政监察工作。县级以上地方人民政府水行政主管部门按照管理权限，负责本行政区域内的水政监察工作。水政监察队伍的主要职责包括：①宣传贯彻《水法》《中华人民共和国水土保持法》《中华人民共和国防洪法》等有关水资源的法律法规；②保护水资源、水域、水工程、水土保持、生态环境、防汛抗旱和水文监测等有关设施；③对水事活动进行监督检查，维护正常的水事秩序，对公民、法人或其他组织违反有关水资源的法律法规的行为实施行政处罚或者采取其他行政措施；④配合和协助公安和司法部门查处水事治安和刑事案件；⑤对下级水政监察队伍进行指导和监督；⑥受水行政执法机关委托，办理行政许可和征收行政事业性规费等有关事宜。

二 国内典型库区环境管理模式

（一）三峡库区环境管理模式

1. 三峡库区环境管理经验

（1）加强领导，建立健全水库水环境管理机构。一是建立了水库管理机构。2003 年，国务院三峡工程建设委员会办公室（以下简称"国务院三峡办"）设置了水库管理司，负责研究提出水库管理制度，包括水、土（含消落区）、岸线资源管理，以及库区生态建设和环境保护等工作。同时，湖北省、重庆市及库区各县（市、区）相应成立了三峡水库管理机构（水库管理局/水库移民局），负责组织实施三峡库区综合管理及移民安置等工作，形成了针对三峡水库的综合协调、分工负责、联合执法的管理合力，总体上实现了权威、协调和高效的水库综合管理[95]。二是协调各级水库管理机构，建立了三峡水库管理联席会议制度，提高了水库综合管理效率。

（2）强化立法，加强对水库资源利用的监督管理。一是加强库容管理，制定库容保护政策和管理办法。例如，水利部《三峡水库调度和库区水资源与河道管理办法》、国务院三峡办《关于进一步严格三峡水库库容管理的通知》明确了长江水利委员会及重庆市、湖北省县级以上地方人民政府水行政主管部门对三峡库区水资源和河道管理工作负责，并应通过专项检查、专项稽查、动态监测、综合监理等形式，加强水库库容的日常管理和监督检查。二是强化三峡水库岸线管理。国家和地方政府通过制定与三峡水库岸线有关的管理办法，编制三峡水库岸线利用管理规划，加强崩滑体治理及库岸防护，有效保护了三峡水库岸线安全。三是加强消落区管理。2007 年、2011 年、2018年，国务院三峡办先后下发《关于进一步加强三峡工程初期蓄水期库区消落区管理的通知》《关于加强三峡后续工作阶段水库消落区管理的通知》，对各阶段各地加强消落区管理工作起到重要的推动作用。重庆市也出台了《重庆市三峡水库消落区管理暂行办法》，规范了库区消落带的管理、保护、利用等相关要求。同时，重庆市建立了库区水域清漂长效管理机制，落实清漂责任，筹措清漂经费，加强清漂监督检查，推进水库清漂工作制度化和规范化。四是加大渔业资源管理。重庆市、湖北省分别出台河湖渔业资源管理法规，实行捕捞许可证制度，实施增殖放流，清理整顿网箱养殖，有效保护了三峡水库渔业资源。五是注重库区旅游资源保护与管理。2004 年 7 月，国家旅游局印发了《长江三峡区域旅游发展规划纲要》，2009 年重庆市与湖北省签署了《关于进一步加强长江三峡区域旅游合作的协议》，推进了库区旅游合作[96]。

（3）制定规划，有序开展水库水环境保护工作。1994年，国务院三峡工程建设委员会批准的《长江三峡工程水库淹没处理及移民安置规划大纲》中，明确列出了水土保持等环境保护内容及经费。随后批准的移民安置规划报告中专门编制了移民环境保护规划，各县（市、区）的移民安置规划中编制了移民环境保护行动计划。2001 ~ 2002年，国务院先后批准了《三峡库区及其上游水污染防治规划》《三峡库区地质灾害防治总体规划》等专项规划，有序指导库区开展水环境保护工作。

（4）调整政策，强化水库水环境保护工作。1999 年 5月，国务院提出了"两个调整"政策（三峡库区农村移民大量外迁安置和搬迁工矿企业进行结构调整）。2001 年 7月，国务院又提出了"两个防治"政策（三峡库区地质灾害防治和水污染防治）。"两个调整"和"两个防治"政策的制定和落实，是党和国家综合考虑库区移民、经济、社会和生态环境的协调可持续发展做出的重大决策，对加强库区水环境保护、保障库区生态环境安全发挥了重要的作用[96]。

（5）大力实施水库生态环境保护和水污染防治。一是加强综合治理水土流失工作，累计重点治理水土流失 2 万平方千米，初步遏制了生态环境恶化趋势。二是加强生物多样性保护，建立了 12 个陆域和水域自然保护区，实施了珍稀特有鱼类等的保护工作。三是实施三峡工程生态环境建设与保护试点示范项目（即"7 + 1 项目"），工程质量良好。四是大力推行农业源、工业源、城镇源污染减排，关闭高耗能、高污染的企业 1102 家；国家投资 40 亿元在库区 20 个县（市、区）建成城镇污水处理厂 58 座，建成城镇垃圾处理场 41 个。同时，库区大力加强库容管理、农村面源污染防治，推广新型农药和测土配方施肥，开展规模畜禽养殖业污染治理、船舶流动污染防治、网箱养鱼整治、饮用水源保护和次级河流污染治理等工作，确保了库区饮用水源安全、长江干流水质达到或优于Ⅲ类标准。

（6）强化系统监测和科学研究，提升水库监管能力。一是完善监测系统。国家组建了三峡工程生态与环境监测系统，对三峡工程建设涉及的生态和环境问题进行全过程跟踪监测，自 1997 年起已连续多年向国内外发布三峡工程生态与环境年度监测公报。二是强化科学研究。国务院三峡办积极推动对水库蓄水后的水文水质、人群健康、地质灾害、生物多样性、水土流失状况、泥沙淤积、航道整治和下游清水冲刷等问题的科学研究，同时积极开展国际合作和交流，与世界银行及英国、日本、德国、美国、加拿大等国家合作开展环境科技项目研究和环保设施建设。三是库区研究和推广应用了"三峡库区生态环境安全及生态经济系统重建关键技术"等一批实用环保技术，为库区生态环境保护科技的发展奠定了基础[96]。

2. 三峡库区环境管理存在的问题

（1）管理机构职能重复，缺乏协调机制[97]。一方面，长期以来，三峡库区水环境管理基本上实行以行政区划为主的管理体制，地方政府在法定范围内对当地的环境负有全权责任。长江水利委员会负责流域的水资源开发、利用和保护等综合管理工作。但长江水利委员会与地方水库管理部门、生态环境部门没有直接的从属关系，它们之间存在协调问题。各地水库管理部门、生态环境部门、水利部门属地方政府管辖，若地方政府干涉地方生态环境机构的执法，易出现环境执法缺位现象。另一方面，在库区环境管理由各地方分治的情况下，各级地方政府内部同时存在职能分割和交叉的问题，如水利部门负责库区水资源的统一管理、保护和综合开发，生态环境部门全面负责库区生态环境保护与管理，二者不仅权力交叉，而且与很多其他机构分享权力。同时由于缺乏权威机构和政策对其责任和义务进行划分，因此并未形成统一的协调机制，往往导致"谁都该管"而"谁都管不了"的现象。三峡库区环境管理主要机构见图 2－2。

（2）环境立法、执法存在缺陷。一方面，在立法上缺

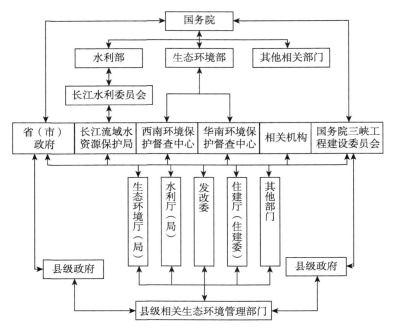

图 2-2 三峡库区环境管理主要机构框架[97]

乏成熟、稳定、系统的专门法规。首先，三峡库区环保法律体系已初具规模，但依旧没有三峡库区环境治理和政府管制方面的领导性法规和特殊性立法，并且对各种污染排放的说明、流域管理机构和区域生态环境部门的权责配置、排污收费管理等诸多方面的规定较模糊或缺失[5]。其次，缺乏对管理机构的问责和社会监督的专门规定，导致容易出现"不履行法定职责""不作为"等徇私舞弊的现象。另一方面，执法也存在不到位的情况。2001年，国务院批复了《三峡库区及其上游水污染防治规划》，明确了城市污水和垃圾处理、次级河流治理、危险性资源放置、船舶石油污染防治等细则。然而，只有污水和垃圾处理的项目进程稳定，其他多数项目效果不理想，特别是危险性资源处置和水库漂浮物治理，可见政策法规的执行力度仍存在欠缺的情况。

（3）环境监测、预警和处理机制不健全。目前，三峡库区水环境日趋恶化，水环境监测和预警机制对于保障三峡库区水环境安全至关重要。但目前三峡库区对排污企业的监督还是主要借助人力，多数企业未设置水质自动监测的在线系统，难以做到自身排污的预警；同时，库区大部分河段没有进行全面水质预警和监测，不仅不能有效满足预警需要，而且不利于事故发生后的取证和处理。

（二）太湖流域环境管理模式

太湖流域地处长江三角洲的南翼，北抵长江，东临东海，南濒钱塘江，西以天目山为界。太湖流域面积为 3.69 万平方千米，行政区划分属江苏、浙江和上海两省一市，是中国经济最发达的地区之一。太湖流域内河网如织，湖泊星罗棋布，水面面积达 5551 平方千米。

1. 太湖流域水环境管理经验

（1）完善法律法规体系。2011 年，《太湖流域管理条例》出台，主要的制度创新包括：①在太湖流域管理局和环保部门实行监督检查及违法行为查处相互通报制度。②实行重点水污染物排放总量控制制度。③加强太湖流域水功能区管理，明确太湖流域的养殖、航运等水资源开发利用规划应遵守经批准的水功能区划。同时，在太湖从事生产建设和开发利用活动，有关部门在办理批准手续前应征求太湖流域管理局意见。④建立行政区域间生态补偿机制，明确上、下游地区相互补偿的条件。⑤行政区域边界断面、主要入太湖河道控制断面未达到阶段水质目标的区域，实行项目限批。⑥由太湖流域管理局组织建立统一的太湖流域监测信息共享平台，实行水资源、水环境信息共享。⑦强化绩效考核，对太湖流域水资源保护和水污染防治实行两省一市政府目标责任制与考核评价制度[98]。另外，《江苏省太湖水污染防治条例》实施 20 多年以来，对江苏省域太湖流域水环境管理起到重要作用。2018 年，该条例第三次修正，提出了对太湖实行分级保护的要求，明确了对各级保护区开发建设行为的具体要求。

（2）强化组织领导。2007 年无锡供水危机后，为统筹推进太湖流域水环境综合治理的各项工作，国务院批复设立了太湖流域水环境综合治理省部际联席会议制度。江苏、浙江、上海两省一市党委、政府高度重视，成立了专门的领导机构和工作机构，制定了相关办法，每年召开会议布置太湖治理工作任务，省（市）政府与相关地市政府和省（市）有关部门签订目标责任书，以保证治理责任得到有效落实。江苏省成立了以省长、市长和部门主要负责人为成员的江苏省太湖水污染防治委员会，并成立了江苏省太湖水污染防治办公室，建立了由省、市领导共同担任入湖河流河长的"双河长制"。连续 6 年，江苏省政府召开江苏省太湖水污染防治委员会全体（扩大）会议，与苏南5市和省10个部门签订目标责任书，强化定性和定量考核。江苏省财政每年安排20亿元作为专项引导资金，将地方财政新增财力的10%～20%专项用于太湖治理。

（3）加强科学规划。针对太湖流域污染现状和主要问题，国务院批复的《太湖流域水环境综合治理总体方案》提出了"总量控制、浓度考核"的污染控制管理体系，明确了分阶段治理目标，提出了控源、截污、引流、清淤、生态修复以及调整产业结构、工业布局、城乡布局等综合性措施，全面规划了需要实施的项目和工程。江苏、浙江、上海两省一市在《太湖流域水环境综合治理总体方案》基础上，分别制订了具体的实施方案，并加强了工程项目的科学论证和前期工作，使流域综合治理工作建立在科学的基础上。国务院批复的《太湖流域水功能区划》明确了太湖流域不同水域的功能定位和水质目标。

（4）建立有效协调机制。太湖流域水环境综合治理省部际联席会议由国家发展和改革委员会牵头，成员单位包括两省一市人民政府及水利部、原环境保护部等13个部门，每年召开会议，统筹协调太湖流域水环境综合治理的各项工作。联席会议下设办公室，太湖流域管理局是联席会议办公室成员单位之一。两省一市和有关部门相应建立完善了区域和行业协调工作机制。水利部成立了太湖流域水环境综合治理水利工作协调小组，并定期召开两省一市分管省（市）领导和水利部门参加的协调会议。

2. 太湖流域环境管理存在的问题

（1）流域管理体制失范。《水法》规定，水资源管理实行"流域管理与行政区域管理相结合"的管理体制，但目前太湖流域水污染治理实践却不可避免地呈现"以地方行政区域管理为中心"的状态，流域水污染防治管理十分薄弱。水管理体制将水资源管理和水污染控制分离，以及有关国家和地方部门条块分割，特别是行政上的划分，将一个完整的流域人为分开，且责权交叉，难以统一规划和协调，不利于流域水资源和水环境的综合利用和治理。由于缺乏整体上的统筹规划和协调监管，太湖流域水污染防治以地方行政区域管理为主的格局，必然会导致各行政区域水污染防治责任不清，相互推诿，甚至会导致更严重的突发性水污染事件及跨界水污染问题。

（2）流域管理部门职能交叉。流域水污染防治是一项典型的涉及多部门的工作。太湖流域涉及水资源与水环境管理的部门有水利、生态环境、住房和城乡建设、农业农村、交通运输、文化旅游等多个部门，这些部门之间在太湖流域管理工作上的矛盾冲突依然存在[99]。在实际运作过程中，这些部门之间的协调还存在一定的问题，各部门出于自身利益考虑，难以从水环境整体管理或全面管理的角度考虑，缺乏交流与合作，导致流域统一协调管理难以实现。从部分流域的管理实践来看，目前部门协调的难度高于地区协调的难度。这种部门分割、缺乏配合的管理体制是太湖流域治污效果不佳的重要原因之一。

（3）流域管理机构统筹失效。太湖流域虽然也建立了流域管理机构（太湖流域管理局），但它并不是权力机构，管理职能单一，主要限于水资源管理，无权过问行政及经济事务。目前省级水利部门拥有与太湖流域管理局同等的权力，它们各自出于自身利益考虑流域管理，导致在处理水问题时无法进行统一领导指挥。此外，流域管理机构法律地位较低，权力不明，职责不定，不能根据流域的整体性进行综合管理，难以承担跨部门的综合管理任务，也无法承担跨部门、跨区域的流域性问题的综合协调与管理任务。

（三）千岛湖环境管理模式

新安江水库（千岛湖）位于浙江省杭州市淳安县境内，是20世纪50年代修建新安江电站大坝拦水形成的大型水库，兼有发电、防洪、旅游、养殖、航运、饮用水源及工农业用水等多种功能。随着当地社会经济的快速发展，特别是城镇化、农业集约化的发展，以及人们生活水平的提高和旅游业的持续发展，千岛湖面临的环境压力越来越大。不过，当地政府在千岛湖环境管理方面也积累了不少经验，主要包括以下几个方面。

（1）多途径筹集环保资金。早在1999年，淳安县就建立了"千岛湖保护专项基金"，用于千岛湖环境保护工作。2018年，千岛湖水基金在杭州成立。该基金是中国水源地保护慈善信托资助的首个项目，也是目前国内规模最大的水基金，由阿里巴巴公益基金会、民生人寿保险公益基金会各出资 500 万元，由万向信托作为受托人，由美国大自然保护协会（TNC）作为项目执行过程的科学顾问。引入慈善信托基金进行水源地保护，不仅能够充分发挥信托制度优势，为项目提供持续的资金支持，还能够整合企业、社会、公益等多方资源，实现水源地长效保护。

（2）重视环境管理政策建设。2016 年，淳安县人大常委会审议通过了《千岛湖环境质量管理规范（试行）》。该规范成为全国首个县级环境质量管理标准。该标准对千岛湖水环境质量提出了明确要求，并要求千岛湖范围内湖区和景区不得设置排污口，工业企业污水纳入市政污水管网，畜禽养殖场废水实施干湿分离、雨污分离，等等。2017年 8 月，淳安县人民政府进一步出台了《关于进一步加强千岛湖临湖地带建设项目环境保护管理的若干意见》，提出严格项目事前准入、强化项目事中管理、健全项目事后监管，并明确了各政府部门对临湖地带环境管理的职责分工。

（3）建立智慧环保系统。2016 年，当地政府将排污口、环境质量、环境执法等信息纳入"一库一网一图"体系，构建了融污染源在线监测、环境质量实时监测和水质预警监测于一体的智慧环保体系，实现了对千岛湖水域污染状况、水质情况的预测预警。

（4）强力推进各项治理工程。当地政府通过推进生活污水全收集、建设千岛湖"污水零直排区"、深入开展"全民清洁日""公厕革命"、全面铺开环境保护专项执法检查等各项治理工程，促使千岛湖水质整体保持优良，各项水质指标基本符合国家地表水Ⅰ类标准。千岛湖被列为首批五个"中国好水"水源地之一。

（四）三板溪水库环境管理模式

三板溪水库位于贵州省黔东南州锦屏县境内，处于沅水上游清水江干流。该水库是由三板溪水电站于 2003 年截流而成，属于多年调节型水库。2014 年，三板溪水库被列入国家水质较好湖泊生态环保总体规划。三板溪水库环境管理经验包括以下几个方面。

（1）加强组织领导和目标考核。一是州政府将三板溪库区环境整治列入相关县环保目标责任状进行考核，定时间、定任务。二是认真落实清水江流域环境保护河长制，定人员、定责任。三是启动问责程序，对工作推进缓慢县领导及部门负责人进行诫勉谈话，对未能完成年度工作任务的县实施区域限批。

（2）加强监测监察，严厉打击环境违法行为。一是加大三板溪库区及州内清水江流域环境监测力度。在州、县跨界河流和主要支流以及重点河段设置 4 个常规监测断面、2 个专项监测断面，并定期开展水质监测。二是加强对国控、省控重点污染源及库区周边小企业的日常环境监管，做好实时监控、动态管理。三是严厉查处各类环境违法行为，对重大环境违法案件实行挂牌督办，依法严肃追究有关责任人员的责任。

（3）多方争取资金，综合解决工作经费。将三板溪库区环境治理与清水江流域环境治理通盘考虑，多渠道争取资金，整合推进库区及周边环境治理。一是将三板溪库区环境整治列入两江一河污染防治项目库，积极向上争取三板溪各类生态环境保护项目专项资金。二是争取利用中央、省专项资金，完成饮用水源地环境综合整治、农村环境综合整治、重金属污染防治项目。三是与五菱电力贵州清水江水电有限公司签订协议，在两年内投资 8500 万元用于库区迁建集镇生活污水、生活垃圾处置项目建设。四是集中资金开展库区水生生物打捞工作。

（4）跨地区部门联合，联防联治解决流域环境问题。加强与上游黔南州的沟通协调，强化州内生态环境、住建、自然资源、工信、林业、水利、财政、发改、农业农村、海事等部门之间的密切配合，推进联防联治。2013年，黔东南、黔南两州环保部门签订备忘录，共同开展水环境治理。2016 年，贵州省人民政府批复《三板溪水库生态环境保护总体实施方案》，提出黔东南州要建立定期会商机制，加强沟通协调，积极构建齐抓共管、信息共享、互促互赢的流域污染治理防控新格局。此外，当地政府与贵州清水江水电有限公司在库区迁建集镇污水处理设施建设、生活垃圾处理等方面密切配合，协同治污。

（五）新丰江水库环境管理模式

新丰江水库（万绿湖）是华南地区第一大湖，由1958年筹建新丰江水电站时蓄水而成。湖区总面积 1600 平方

千米，蓄水量 139.8 亿立方米，水质长期达到国家地表水
Ⅰ类标准，是粤港澳居民的重要饮用水源区和水功能区，
也是首批五个"中国好水"水源地之一。

新丰江横跨三市六县，由多个部门管理，跨界水环境
问题比较突出，如水库上游入库河流存在水浮莲、垃圾等
漂浮物，禁养区内存在非法养殖场，生活污水、垃圾收集
处理不彻底，尤其是上游地区矿选企业众多，尾矿库废
水、选矿废水未能达标排放，偷排现象时有发生，水土流
失严重，给下游河流及新丰江水库水质安全带来极大的隐
患。不过，新丰江水库环境管理也积累了一些经验，主要
包括以下几个方面。

（1）完善环境保护政策体系。广东省、河源市先后出
台了《关于加强万绿湖集雨区环境保护管理的意见》《关
于加强新丰江枫树坝水库及入库支流水质保护的通知》《新
丰江水库集水区域水环境保护与利用可持续发展规划》[100]
《新丰江水库生态环境保护总体方案》，严控库区及集水区
域污染物排放，对新丰江环境保护起到较好的指导作用。
2018 年，河源市人民政府印发《新丰江水库水质保护三年
行动计划（2018－2020 年）》，进一步加强了新丰江水库水
环境常态化管理，保障了新丰江水库水环境安全。

（2）推进区域联防联控。广东省先后成立东江水环境
保护工作领导小组、东江水环境综合整治领导小组，建立
了东江水环境保护联席会议制度。2018 年 3 月，东江流域
管理局及广州、深圳、韶关、惠州、河源、东莞六市河长

制办公室签订《共建美丽东江合作框架协议》，标志着新丰江所在的东江流域基本建立起区域联防联控机制。2018年12月，在东江流域河长制湖长制工作联席会议上，韶关、河源两市河长共同签署了《新丰江水库跨界河湖合作治理协议》，明确由两市共同治理交界河段水面漂浮物，由河源市连平县招标委托第三方实施统一清理和日常保洁工作，并制定交界河段水面漂浮物统一治理工作方案，测算相关费用和双方水域面积占比，并按比例分摊相关费用，共同维护新丰江水质。

（3）积极争取国家财政支持。2012年，位于新丰江上游的河源市龙川、连平、和平3县被列为国家重点生态功能区，共获得国家资金补助约2.55亿元，为新丰江上游集水区生态保护提供了有力支持。2013年，新丰江水库被列为国家重点支持的15个湖库之一，获得国家5.93亿元资金支持，用于在河源市和韶关市新丰县境内分年度实施56个生态环境保护项目。近年来，河源市政府积极争取省级环保专项资金6000多万元，重点支持新丰江水库生态环境保护项目。

三 国外流域可借鉴的环境管理经验

（一）美国田纳西河流域水资源管理经验

美国流域内资源管理是相对独立的系统，州内流域采用区域水资源管理模式,州际流域则采取基于流域的统一管理模式[101]。田纳西河是美国东南部俄亥俄河最大支流,发源于阿巴拉契亚山的中南部西弗吉尼亚州与北卡罗来纳州境内,流经 7 个州,全长 1600 千米,流域面积约 10.6万平方千米。20 世纪 30 年代,为改善田纳西河流域水运条件,综合开发河流,在罗斯福总统"有计划地发展地区经济"思想的指导下,美国成立了一个国有、跨州、综合开发利用田纳西河流域自然资源的管理系统——田纳西河流域管理局(以下称 TVA)。田纳西河流域综合管理经验可以归纳为以下几条。

1. 成立高度自治的流域管理机构

TVA 的管理机构由决策机构董事会和具有咨询性质的地区资源管理理事会组成(见图 2-3)。董事会由主席、总经理和总顾问组成,行使 TVA 的一切权力;董事会 3 名成员均由总统提名,经国会通过后任命,直接向总统和国会负责。TVA 拥有高度自治权,既有政府的权威性,又有私人企业的灵活性和主动性。法律赋予 TVA 全面开发田纳西河流域资源的广泛权力:一方面,TVA 负责流域防洪、发电、航运、灌溉水利工程建设等的综合开发和治理;另一方面,TVA 可以跨越一般的程序,直接向总统和国会汇报,甚至有权修正或废除地方法规,并进行立法,从而避免一般政治程序和其他部门的干扰。

2. 统一规划流域水土资源

TVA 对田纳西河流域内各种自然资源的规划、开发、

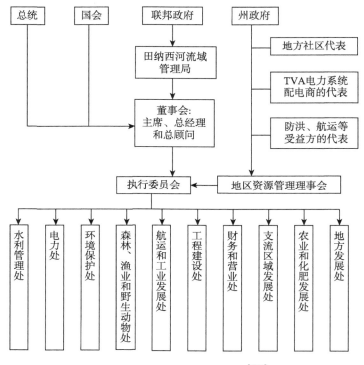

图 2 - 3   TVA 组织架构[101]

利用和保护进行统一管理，统筹该流域综合开发和环境管理。TVA 将多方面的专家，如水资源专家、发电专家、航运专家、农业专家、林业专家、经济专家等，放在同一机构工作。这些专家先进行各自专业的分析和研究，然后在董事会领导下开展综合研究，从而发挥各专业的系统效应，实现流域内资源的最有效利用。

3. 建立有效的公众参与机制

TVA 开展广泛的宣传，以增强民众的水资源意识，提高公众治水参与度。TVA 还提供技术和信息服务，通过开发水运、水上休闲等措施，帮助当地居民发展多种经营、获得就业机会，从而获得广泛的公众支持。经过 80 余年的开发建设，TVA 在流域航运、防洪、发电、水质保护、娱乐和土地利用六个方面发挥了巨大作用，治理和保护了该流域的环境，促进了社会和生态环境的相互协调。TVA 的管理模式已成为跨州流域水资源综合管理的一种成功模式。TVA 取得的成果与其特殊的历史沿革有很大关系，它的管理模式与流域管理分权、协商、参与的发展趋势并不一致，其体制一直难以在其他流域被简单地复制[101]。

（二）法国罗纳河流域水资源管理经验

法国水资源管理的核心是对水资源的水量、水质、水工程、水处理等进行统筹管理，管理层面分国家、流域和地方。法国《水法》明确指出，法国"实行以自然水文流域为单元的流域管理模式"，按河流水系分成六大流域，以流域为单位，按照流域面而不是行政区进行管理。

罗纳河是法国第二大河，发源于瑞士的阿尔卑斯山，注入地中海，流域面积 9.9 万平方千米，河长 812 千米，其中法国境内的长度为 500 千米，面积为 9 万平方千米。罗纳河流域的综合管理是世界公认的流域综合开发与管理的成功范例，其经验可以归纳为以下几点。

1. 完善立法

法国国会于 1921 年通过立法确定从水电、航运、农业灌溉几个方面对罗纳河流域进行综合开发治理，规定罗纳河治理必须遵从综合利用的方针，并赋予罗纳河公司[①]开发和管理罗纳河的特许权及罗纳河沿岸土地一百年的经营使用权。1934 年 6 月 5 日，罗纳河公司被授权对罗纳河进行综合治理和经营，最近 20 年又被赋予了罗纳河旅游、环境保护、污水处理工程的经营和管理权。

2. 成立经济公司，统筹流域开发和保护

作为罗纳河的所有者、承包者和管理者，罗纳河公司的管理范围包括水电、航运、灌溉、旅游、环境保护、污水处理工程，以及与水面和河岸有关的开发工程，等等。罗纳河公司经济独立，资金来源于污染者和用水户缴纳的税款，工程建设由国家担保向银行贷款。罗纳河公司还征收多项资源费，用于补充开发治理经费。作为非营利性的公共事业机构，国家对罗纳河公司免征各项收入税，而且为了使滚动开发有足够的资金，罗纳河公司的大量地方股份不参与分红。罗纳河公司的组织结构见图 2 - 4。

3. 罗纳河流域委员会充分协调各方利益，实现决策民主化

罗纳河流域委员会由 124 名成员组成，其中地方政府代表 48 名、用水户代表 48 名、中央有关政府部门公务员22 名、专家代表 6 名。罗纳河流域委员会以投票表决的方式确定各种事项，超过半数代表同意的事项才可获得通过。

---

① 1933 年成立，由国营和私营机构组成。

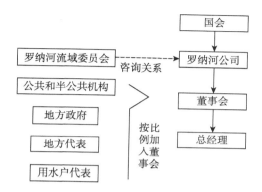

图 2 - 4 法国罗纳河公司组织结构[101]

在 80 余年的开发治理工作中，罗纳河公司对流域水电和航运资源的开发与管理带动了整个流域的总体开发治理及水资源的综合利用，将罗纳河流域治理成了世界上少有的美丽富饶之地。法国以自然流域为单元的水资源综合管理体制为更多国家提供了借鉴。世界上有近 20 个国家参照了法国的水资源管理模式。

（三） 加拿大格兰德河流域水资源管理经验

加拿大联邦政府实施多部门的水资源管理体制，各部门（主要包括环境部、渔业与海洋部、农业部）根据授权承担一定的水资源管理职能，联邦政府负责水资源的综合管理。省级政府成立专门负责流域水资源管理的机构，特别强化了流域水资源综合管理的职能，将原来分布于多机构的水资源管理权集中于一个或少数几个机构。格兰德河位于加拿大安大略省，起源于邓多克，向南延伸注入美加边界的伊利湖，河长 298 千米，流域面积约 0.68 万平方千米。格兰德河流域是加拿大安大略省南部最大的流域。格兰德河流域管理的主要经验可以归纳为以下几条。

1. 强有力的立法保障

1946 年出台的《安大略省保护职权法案》，是格兰德河流域综合管理强有力的法律支撑，保障了流域机构的管理权限和资金来源。该法案明确规定流域保护机构一旦建立，安大略省政府必须向该机构提供先进的技术和资金支持。

2. 建立多层次的、持久的、相互信任的合作关系

1932 年，格兰德河流域内 8 个市政当局成立了格兰德河保护委员会。1948 年，该机构进行合并和改组，成立了格兰德河保护机构。后来，进一步合并和改组，成立了格兰德河保护权威机构。该权威机构有 26 名常任成员，由上游、下游市政府任命。由此，流域内各市政府和相关利益团体建立了持久的、相互信任的合作伙伴关系，形成了一个流域保护共同体。它们在制定流域水资源管理计划和政策时，充分考虑各方意见，把资源、环境、社会和经济作为整体来考虑。加拿大格兰德河保护权威机构组织架构见图 2 – 5。

3. 拥有可靠的信息

加拿大的可持续水资源管理将水资源与社会、经济等联系在一起，将水资源管理与土地、森林等资源的管理联系在一起。水资源管理决策部门依赖多学科的信息支持做

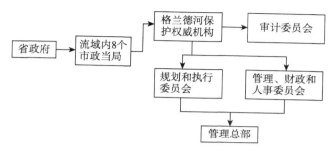

图 2 - 5　加拿大格兰德河保护权威机构组织架构[101]

出科学决策。格兰德河保护权威机构拥有该流域水系及其
开发利用真实可靠的数据和分析技能，每年通过年度报告
指出当年流域管理的状况，为问题识别、范围确定以及寻
找解决方案提供重要的信息支撑。

经过 80 多年的开发和保护，加拿大格兰德河流域近
78% 的土地成为富饶的农业区，区域经济高度发展。1992
年，格兰德河流域被命名为"加拿大遗产河流"，因美丽
的自然景色、多样的文化而享有盛誉。

（四）莱茵河流域水环境治理和管理经验

莱茵河是欧洲第三大河，流经瑞士、法国、德国、卢
森堡、荷兰、比利时、奥地利、列支敦士登、意大利等 9
个国家。20 世纪 50 年代初，莱茵河水质良好。50～60 年
代，莱茵河流域各国经济高速发展，大批能源、化工、冶
炼企业向莱茵河索取工业用水，同时将大量废水排进河
里，导致莱茵河水质急剧恶化、生态严重破坏，被冠以
"欧洲下水道"的恶名。通过几十年的治理，在流域各国

的共同努力下，莱茵河近年来终于恢复了原先的自然风貌。其主要治理措施和经验可归结为以下几点。

1. 建立完善的、高效的流域跨国管理体制

为了恢复莱茵河流域的生态系统，莱茵河流经国家于1950年7月11日成立了保护莱茵河国际委员会（ICPR）。ICPR 的成立，对莱茵河的治理工作起到极其重要的作用。ICPR 的主要任务包括：根据预定的目标准备对策计划和组织莱茵河生态系统研究，评估每项计划及签约方的行动效果，协调各签约方行动，并进行决策；每年向签约方提出年度报告，向公众通报莱茵河的水质状况和治理成果。ICPR 通过"责任到户"的方法，把治理工作具体化、可操作化[102]，如下设若干专门工作组，分别负责水质监测、流域生态系统恢复以及监控污染源等。ICPR 还制定了严格的排污标准和环保法案，要求对排入河中的工业废水进行无害化处理。为减少莱茵河的淤泥污染，ICPR 严格控制工业、农业、生活污染物排入莱茵河，对违者重罚。1987年，ICPR 还通过了重在全面整治莱茵河的"莱茵河行动计划"。从最初治理污染到寻求莱茵河地区的可持续发展，ICPR 的一系列措施让莱茵河生态逐步进入良性循环。

2. 制定明确的治理规划与目标

ICPR 从河流整体的生态系统出发，制定了明确的治理目标和规划，把大马哈鱼回到莱茵河作为取得良好治理效果的标志。ICPR 制定的莱茵河 2000 年行动计划分为三个阶段实施：第一阶段为 1987~1990 年，通过调研确定优

先治理的污染物质清单，并分析这些污染物的来源、排放量；第二阶段为 1990～1995 年，ICPR 制定了具体措施和标准，要求工业生产和城市污染处理厂采用新技术，减少水体和悬浮物的污染；第三阶段为 1995～2000 年，是强化阶段，即采用必要的补充措施全面实现治理目标。

3. 拥有先进的治理手段

ICPR 根据莱茵河流域特点，采取了先进的治理手段，进行生态系统治理和排污、清污两手抓。ICPR 各部门相互协调，采取了一系列恢复河流自然生态的措施：拆除不合理的航行、灌溉及防洪工程，拆掉水泥护坡，以草木绿化河岸，对部分改弯取直的人工河段重新恢复其自然河道，等等。同时，ICPR 对河流进行 24 小时全方位监测，全面控制污染物排入莱茵河，坚持对工业生产中危及水质的有害物质进行处理。在莱茵河治理过程中，ICPR 大力建设污水、垃圾处理厂，例如在德国巴斯夫设有蔚为壮观的污水处理厂，共有 5 个生化处理池，每一环节都进行电子监测，中央系统还有总检测，企业污水处理厂还负责净化整个城市每天约 20×10^4 立方米的生活污水。

（五）英国泰晤士河水资源管理经验

横贯英国的泰晤士河是英国的母亲河。20 世纪 50 年代末，随着工业革命的兴起及两岸人口的激增，每天排放的大量工业废水和生活污水使泰晤士河迅速变得污浊不堪，水质严重恶化。通过一百多年的治理，现在的泰晤士河水质好、清洁度高，是世界上最干净的河系之一。泰晤士河整治卓有成效，其主要治理措施和经验如下。

1. 建立高效运作的管理机制

与莱茵河一样，鉴于水的自然属性，英国首先成立了高度集权的跨地区的泰晤士综合治理委员会和泰晤士水务公司，对泰晤士河流域进行统一规划与管理，制定水污染控制政策法令、标准，并进行治污工作。根据规定，所有生活污水都先通过下水道集中到污水处理厂处理。另外，工厂必须自行处理工业废水并使其符合标准后，才能排进河里；没有能力处理的，可排入河水管理局的污水处理厂，但要缴纳排污费。检查人员经常不定期地到工厂检查监督，达不到要求又不服从监督的工厂将被告上法庭，轻则罚款，重则关门。船舶排水也要遵守环保部门制定的排污标准，不得违规排入。泰晤士水务公司监管人员经常要测试河中水质，如发现河中某段水质出现问题，立即寻踪追根，直至查到污染源，将相关的单位告到法院。

2. 有充分的资金保障，加大科技投入和基础设施建设

泰晤士河一百多年来的治污费用高达 300 多亿英镑，主要来源于供水收费、上市公司股票及市场集资、融资等渠道。近 10 年来，泰晤士水务公司仅在伦敦地区的治污投资就超过 65 亿美元，其中 15 亿美元用于建设污水处理厂。全流域建设污水处理厂 470 余座，日处理能力为 360×10^4 吨，几乎与给水量相等。泰晤士水务公司雇员中有约 20% 从事研究工作，科学研究帮助公司制定合理的、符合生态

原理的治理目标，根据水环境容量分配排放指标，及时跟踪监测水质变化。对于居民用水，科研人员要进行一系列项目的测试，以使用户用到清洁度高的水。

3. 加强宣传，提高市民环保意识

泰晤士河的演变使伦敦市民非常重视河流的保护。一些民间环保组织还动员学校将课堂搬上轮船，向学生传授泰晤士河的奥秘和历史知识，以加强人们与泰晤士河的联系，使之保护这条母亲河。

四 对大渡河瀑布沟水电站库区环境管理体制建设的启示

（一）国内外流域和库区环境管理体制比较

对比国内外流域环境管理体制，主要区别有以下三点。

第一，国内实行流域管理与行政区域管理相结合的管理体制，实际执行中不可避免地演变成为以行政区域管理为中心的状态，流域管理机构职能薄弱，跨流域问题难以解决。国外则普遍采取以自然水文流域为单元的管理模式，且流域管理机构高度自治，保障了整个流域的统一规划和协调。

第二，国内水资源管理和水环境保护两大职能主要分散在水利、生态环境两个系统，还涉及住建、农业农村、文化旅游等多个部门，部门之间的矛盾冲突依然存在，导致水资源开发和水环境管理难以协调。而国外普遍由流域管理机构统筹流域开发利用和环境保护工作，避免了两者存在冲突时的顾此失彼。

第三，国内流域管理机构职权有限，与各地政府部门没有直接从属关系，难以真正约束各地政府行为；水利部下设的七大流域水利委员会无直属单位，导致实际监管责任无人落实。而国外流域管理机构高度自治，不仅上下机构设置完善，而且在立法、与国会等国家核心部门的沟通等方面有较高的自由度。

（二）国内流域和库区管理体制比较

对比国内三峡库区、太湖流域环境管理模式和瀑布沟水电站库区、大渡河流域环境管理模式，主要区别在于以下方面。

三峡水电站是中国规模最大的水利工程，国务院在三峡水电站建设前设置了三峡办。三峡办在立法、区域协调方面的职能非一般流域管理机构可以比较。太湖流域是中国七大流域之一，太湖流域管理局在推动太湖相关法律法规建设、开展行政区间生态补偿、建立监测信息平台等方面取得了一定成效。对比之下，大渡河流域并无专门的流域管理机构，瀑布沟水电站库区环境管理直接由所在县（市、区）的生态环境、水利等部门负责，在制度建设、信息共享等方面能力薄弱，折射出中国属地管理模式下区域协调机制不健全导致的一系列问题。

（三） 对大渡河流域和瀑布沟水电站库区环境管理体制建设的启示

参考国内外流域和库区环境管理体制与模式，大渡河流域和瀑布沟水电站库区环境管理可从以下两个方面进行。

首先，从根本上改变以行政区划分的管理模式，按照流域范围设置统一的管理机构，并由流域管理机构统筹环境保护和水资源、渔业资源、旅游资源等资源开发和利用工作。完善流域管理机构内部设置，在七大流域层面建立向国务院主要领导汇报机制，在流域内设置各支流流域管理机构。

其次，在现有按行政区域管理的模式下，应强化跨地区之间环境联合管理机制，可考虑设置联席会议制度，加强信息共享、协调沟通等。此外，应加强行政区域内部水利、生态环境等部门的协调。目前各级河长制办公室设于各级水行政主管部门，以河流水环境保护为主要职能。建议近期在现有河长制框架下，对保护利用规划编制、考核体制和内容、区域联动机制、经费保障等方面进行协调优化。远期根据流域生态环境整体性的特征和生态环境、水利及流域管理机构职能调整状况，针对跨地级以上行政区流域水电站库区，实施全流域各个河段、干支流、上下游区域统一管理、开发利用和生态保护。

| 第三章 |

大渡河流域水电开发和瀑布沟水电站概况

一 大渡河流域水电开发概况

（一） 流域概况

1. 基本概况

大渡河是岷江流域的最大支流，位于东经99°42′～103°48′、北纬28°15′～33°33′，处在青藏高原东南边缘向四川盆地西部过渡的地带。大渡河北以巴颜喀拉山与黄河分界，南以小相岭、大凉山与金沙江相邻，东以鹩鸪山、夹金山、大相岭与岷江、青衣江分水，西以罗科马山、党岭山、折多山与雅砻江接壤。河流发源于青海省境内的果洛山南麓，分东、西两源，东源为足木足河（为主流），西源为绰斯甲河，两源在双江口汇合后始称大渡河[103-104]。

干流大致由北向南流经金川、丹巴、泸定等县至石棉折向东流，再经汉源、峨边、福禄、沙湾等地区，在草鞋渡接纳青衣江后于乐山市城南注入岷江。

全流域集水面积为 7.74 万平方千米（不含青衣江），年径流量 470 亿立方米，其中四川省境内流域面积 7.08 万平方千米，占全流域集水面积的 91.5%；干流河道全长 1062 千米，其中四川境内长 852 千米。大渡河支流较多，流域面积在 1000 平方千米以上的有 28 条，在 10000 平方千米以上的有 2 条，河网密度为 0.39[105]。

2. 流域河道特征

大渡河按河道特征及降水特征区分，泸定以上为上游，泸定至铜街子为中游，铜街子以下为下游。流域内地形复杂，流经川西北高原、横断山地东北部和四川盆地西缘山地。绰斯甲河口以上为上游上段，多为海拔 3600 米以上丘原，丘谷高差 100～200 米，河谷宽阔，支流众多，河流浅切于高原面上，曲流漫滩发育。绰斯甲河口至泸定为上游下段，河流穿越大雪山与邛崃山之间，河谷狭窄，河流下切，岭谷高差在 500 米以上，谷宽 100 米左右，谷坡陡峻，险滩密布。其中马奈至长河坝一段落差 562 米，比降 4.6‰，两岸山地高出江面 1000～2000 米，谷坡 40～80 度，丹巴附近有壁立的悬崖，谷宽 300～800 米，河中水深、流急。泸定至铜街子为中游，流经大雪山、小相岭、夹金山、二郎山、大相岭，地势险峻，谷宽 200～300 米，谷坡 40～70 度，水面宽 60～150 米，河中水深、流急。铜街子以下为下游，河流急转东流，绕行于大相岭南缘，横切小相岭、大凉山北端及峨眉山后，进入四川盆地西南部的平原丘陵地带，沿河两岸山势渐缓，河谷渐阔，汉源至峨边的局部河道狭窄，河宽约 60 ~ 100 米，谷坡陡峭；轸溪至铜街子河长 63 千米，直线距离仅 7 千米，形成一大河湾。河流两岸阶地分布广泛，并有较大面积的阶地。沙湾以下，河流进入乐山冲积平原。下游河中有河漫滩、沙洲分布[105]。

3. 流域水文特征

流域上游上段为冬冷夏凉、全年少雨的高原山地气候，年降水量 500 ~ 750 毫米，以降雪为主，积雪期可达 5 个月。其余地区属季风气候，一般具冬暖、夏热、湿润多雨的特征，年降水量 1000 毫米，泸定、石棉右岸地区 1200 ~ 1500 毫米，下游部分地区可达 1400 ~ 1900 毫米。暴雨多集中于中、下游地区的 5 ~ 9 月，7、8 两个月尤为突出。

河川径流主要来自降水。据下游福禄镇水文站 45 年统计，多年平均流量 1500 立方米/秒，有较丰富的地下水和冰雪融水补给（约占总量的 20%）调节，径流变化较小。福禄镇，年内最大月（7 月）水量为最小月（2 月）水量的 8.8 倍，年径流的变差系数不足 0.10，最大年平均流量 1820 立方米/秒（1938）为最小年平均流量 1170 立方米/秒（1973）的 1.56 倍[106]。

河流洪水频繁，近两百多年有记载的洪水达 50 余次，多发生于中、下游地区，以下游为甚。据《汉源县志》记载，两百多年来发生过 25 次洪水，如清乾隆十三年（1748 年）、民国十八年（1929 年）都曾发生大洪水。《乐山县志》记载，清光绪三十年（1904 年）亦发生过大洪水。据《四川省近五百年旱涝史料》统计，大渡河沿河 14 个主要城镇，受过洪灾的有 8 个，被淹没的有 5 个。大渡河是岷江泥沙的来源地，福禄镇多年平均含沙量 0.475 千克/立方米，年输沙量 2247 万吨，占岷江福禄镇大渡河口以上年输沙量的 44%[105]。

（二）大渡河流域干流水电规划和开发概况

20 世纪 50 年代起，针对大渡河流域水能资源开发，国家电力公司成都勘测设计研究院（以下简称成都院）和四川省有关单位相继编制了《大渡河普查报告》《大渡河干流及主要支流复勘报告》《大渡河流域的水利资源及利用》等技术文件。1990 年，成都院编制完成了《大渡河干流规划报告》。1992 年，该报告获四川省人民政府批复。

2003 年 7 月，成都院在原规划工作的基础上，编制了《大渡河干流水电规划调整报告》。规划范围从下尔呷至铜街子，河段总长度约 732 千米。规划推荐 3 库 22 级开发方案，梯级自上而下依次为下尔呷、巴拉、达维、卜寺沟、双江口、金川、巴底、丹巴、猴子岩、长河坝、黄金坪、泸定、硬梁包、大岗山、龙头石、老鹰岩、瀑布沟、深溪沟、枕头坝、沙坪、龚嘴、铜街子。其中下尔呷为干流龙头水库，双江口为上游控制性水库，瀑布沟为中游控制性水库。

鉴于河流水能资源开发利用和环境保护方面的优化，相关机构对金川至丹巴、枕头坝至沙坪等河段的开发方案进行了优化调整。目前大渡河干流共设置了 28 个梯级，依次为下尔呷、巴拉、达维、卜寺沟、双江口、金川、安宁、巴底、丹巴、猴子岩、长河坝、黄金坪、泸定、硬梁包、大岗山、龙头石、老鹰岩一级、老鹰岩二级、瀑布沟、深溪沟、枕头坝一级、枕头坝二级、沙坪一级、沙坪二级、龚嘴、铜街子、沙湾、安谷。

2003 年以来，大渡河流域水电开发得到快速推进，国电、华电、华能、大唐、中旭、中水、圣达等多家建设单位先后投入其中，投资主体多元化促进了该流域水电开发进程。目前已建成 14 个梯级，分别为猴子岩、长河坝、黄金坪、泸定、大岗山、龙头石、瀑布沟、深溪沟、枕头坝一级、沙坪二级、龚嘴、铜街子、沙湾、安谷；在建 2 个梯级，分别为双江口水电站和硬梁包水电站。

（三）大渡河支流水电开发概况

大渡河流域支流众多，上游两岸支流对称，中游支流偏向右岸。双江口以下流域面积大于 1000 平方千米的较大支流右岸有革什扎河、瓦斯河、田湾河、南桠河、尼日河等，左岸支流有小金川河、金汤河等。流域内主要支流均已完成水电规划，2003 年后编制的水电规划和规划调整报告，均开展了规划环评工作。目前瓦斯河、南桠河、田湾河的水电开发已基本完成，尼日河、金汤河已开发过半，革什扎河、小金川河尚处于开发前期。下尔呷以上的河源区河段暂未开展水电规划工作。

二 瀑布沟水电站概况

（一）地理位置

瀑布沟水电站坝址位于长江流域岷江水系的大渡河中游，地理位置为东经 102°50′15.8″、北纬 29°12′38″，左岸是雅安市汉源县，右岸是凉山彝族自治州甘洛县。瀑布沟水电站枢纽工程及其施工区主要在甘洛县、汉源县，水库淹没范围涉及甘洛县、汉源县和石棉县。

（二）工程建设历程

1958 年，成都院首次对瀑布沟水电站开展勘测设计工作。80～90 年代，成都院开展全面勘测、设计工作。瀑布沟水电站于 2004 年 3 月开工，2005 年 11 月实现大江截流，2009 年 11 月 1 日开始下闸蓄水，2009 年 12 月第一台机组投入试运行。主要的工程设计及建设过程如下。

1. 项目建议书阶段

2003 年 1 月，国家发展计划委员会下发了《印发国家计委关于审批四川大渡河瀑布沟水电站项目建议书的请示的通知》，正式进入项目启动阶段。

2. 可行性研究阶段

1988 年 2 月，成都院编制了《大渡河瀑布沟水电站环境影响报告书》，四川省建设委员会出具了《关于审批大渡河瀑布沟水电站环境影响报告书的函》的批复；同年 8 月，成都院完成了《大渡河瀑布沟水电站可行性研究报告》；1989 年 4 月，能源部出具了《对大渡河瀑布沟水电站可行性研究报告的批复》；1993 年 12 月，成都院完成《大渡河瀑布沟水电站初步设计报告》；1994 年 9 月，电力工业部出具了《关于大渡河瀑布沟水电站初步设计报告审查意见的批复》；2003 年 3 月，成都院编制了《四川省大渡河瀑布沟水电站可行性研究补充报告》；2004 年 3 月，国家发展和改革委员会出具了《印发国家发展改革委关于审批四川大渡河瀑布沟水电站可行性研究报告的请示通知》的批复。

2003 年 4 月，成都院编制了《四川大渡河瀑布沟水电站环境影响评价复核报告书》。同年 11 月，国家环境保护总局出具了《关于四川大渡河瀑布沟水电站环境影响评价复核报告书审查意见的复函》，顺利完成工程开工前的可行性研究和环境影响评价。

3. 项目施工阶段

2004 年 3 月，瀑布沟水电站获准开工。2004 年 3 月 30 日，开工建设。2005 年 11 月 22 日，实现大江截流。2009 年 11 月 1 日，开始下闸蓄水。

4. 试运行阶段

2009 年 12 月 13 日，瀑布沟水电站首台 6#机组投产发电；2009 年 12 月 23 日，5#机组投产发电；2010 年 3 月 31 日，4#机组投产发电；2010 年 6 月 29 日，3#机组投产发电；2010 年 10 月 13 日，水库蓄水位达到正常水位 850 米高程；2010 年 12 月 8 日，2#机组投产发电；2010 年 12 月 26 日，最后一台 1#机组投产发电。至此，瀑布沟水电站 6 台机组全部投产发电。

（三）工程规模和特性

瀑布沟水电站为大渡河干流 28 级开发方案中的第 19 级电站，上游为老鹰岩二级水电站，下游为深溪沟水电站，是大渡河流域水电梯级开发的中游控制性水库工程，是一座以发电为主，兼有防洪、拦沙等综合功能的特大型水利水电枢纽工程。国电大渡河瀑布沟水力发电总厂是国电大渡河流域水电开发有限公司成立的发电厂，位于四川省雅安市汉源县和凉山州甘洛县境内，主要负责管理大渡河中游瀑布沟、深溪沟两座大型水电站，规划主要送电区为成都、川西北和川南地区。

瀑布沟水电站枢纽工程，水库总库容为 53.37 亿立方米，装机容量为 3600 兆瓦，工程等别为一等工程。水库正常蓄水位为 850 米，死水位为 790 米。正常蓄水位时，水库面积为 84 平方千米，回水长度为 72 千米，调节库容为 38.94 亿立方米，具有不完全季调节能力。该水电站单机容量 600 兆瓦，总装机容量 3600 兆瓦，年发电量 147.9 亿千瓦时，是国家"十五"重点建设项目，也是西部大开发的标志性工程。

水电站工程包括主体工程及尼日河引水工程，由电站枢纽建筑物、水库、移民安置工程及施工辅助工程四部分组成。

（四）下游反调节梯级

瀑布沟下游为深溪沟水电站。深溪沟水电站是大渡河干流水电开发的第 20 个梯级，位于大渡河中游雅安市汉源县和凉山州甘洛县境内，距下游金口河镇约 25 千米，距上游汉源县县城约 42 千米，距离瀑布沟坝址 16 千米。深溪沟水电站装机容量 660 兆瓦，水库正常蓄水位 660 米，死水位 655 米，总库容约 3227 万立方米，调节库容 787 万立方米，具有日调节能力。

深溪沟水电站是瀑布沟水电站的反调节水电站，其开发任务为与瀑布沟水电站同步运行，并在特殊枯水年对瀑布沟水电站下泄的不稳定流进行反调节，确保下游四川红华实业总公司用水不受影响。

深溪沟水电站的运行方式为：当上游入库流量大于等于 3700 立方米/秒时，水电站坝前水位降至排沙运行水位 655 米；当上游入库流量小于 3700 立方米/秒时，水电站坝前水位保持在正常蓄水位 660 米。平、枯水期（11 月~翌年 5 月），水库进行日调节运行，水电站坝前水位在 660

和 655 米之间变动，水电站日内运行方式以不影响下游四川红华实业总公司用水为前提，在下泄流量不低于 327 立方米/秒的条件下，尽量保持与瀑布沟水电站同步运行。

深溪沟水电站于 2006 年 4 月 12 日正式开工建设，2007 年 11 月 6 日工程截流，2010 年 6 月 17 日下闸蓄水，2010 年 6 月 30 日首台机组发电，2011 年 6 月 29 日 4 台机组全部投入运行。

| 第四章 |

库区生态环境质量与主要生态环境问题

通过对瀑布沟水电站库区进行现场调研和资料收集分析，本研究开展了库区生态环境质量和主要生态环境问题识别，为探索库区环境问题和环境管理问题的关系提供支撑。

一 库区生态环境质量

（一）水环境质量

1. 水文及泥沙

（1）库区水位

2009 年 11 月 1 日，瀑布沟下闸蓄水。根据 2009 年 12 月至 2018 年 8 月水库运行调度资料，自蓄水以来，瀑布沟水库在秋末冬初时节水位最高，处于正常蓄水位 850 米；

而春末夏初时节逐渐降至最低水位 790 米，汛期一般控制在防洪限制水位 841 米。水库进行季调节时，水位在死水位（790 米）和正常蓄水位（850 米）之间运行，变动幅度为 60 米。从运营期库区水文情势看，调度方式基本与设计一致。

（2）下游河道水文情势

瀑布沟水库具有季调节性能，可改变年内径流量的分配。瀑布沟下游为深溪沟水库，具日调节能力，回水长度 16 千米，尾水与瀑布沟水电站衔接。深溪沟水电站 4 台机组于 2011 年 6 月全部投产发电。深溪沟水电站与瀑布沟水电站同步运行，作为瀑布沟水电站的反调节梯级电站在枯水年加大下泄流量，对瀑布沟水电站下泄的不稳定流进行反调节。

根据 2010 年 1 月至 2018 年 8 月水库入库、出库流量数据，水库运营期间日均入库、出库流量变化情况，瀑布沟水电站季调节运行时，12 月至翌年 4 月平均出库流量大于入库流量，水库水位下降；5～7 月及 9～10 月平均出库流量小于入库流量，水库蓄水；8 月进行水库泄洪；11 月水库维持在正常蓄水位运行，入库流量略大于出库流量。2009 年 12 月至 2018 年 8 月，瀑布沟水电站平均下泄流量有 48 天小于 327 立方米/秒（下游用水及生态流量需求），基本出现在大渡河流域枯水季节。此时通过下游深溪沟水电站的反调节作用，加大下泄流量以满足下游最小生态流量控制要求，保证了下游河段未出现断流情况，也未对下游取用水产生影响。

根据瀑布沟水电站坝下水位统计资料（2011 年 12 月至 2018 年 8 月），主要受出水流量及深溪沟水电站回水的影响，枯水期坝下水位在 670 米左右，丰水期坝下水位在 673 米左右，运营期间下游河段未出现断流情况。

（3）尼日河水文情势

根据水库运用与电站运行调度情况，瀑布沟水电站每年枯水期（10 月至翌年 6 月）从尼日河开建桥处引水入库，最大引水流量为 80 立方米/秒，引水期间，闸首需下泄生态流量 10 立方米/秒；汛期（7~9 月）原则上不引水，开启泄洪闸敞泄冲沙。

根据调查，尼日河闸址下游至河口 15 千米减水河段的主要用水单位有苏雄电站、阿兹觉村灌溉及人畜用水，已分别通过经济补偿和龙门沟引水工程予以解决，不再从尼日河取水。根据尼日河引水工程调度情况分析，尼日河闸址最低下泄流量为 10 立方米/秒。同时尼日河 15 千米减水河段内的用水需求已通过龙门沟引水工程和经济补偿予以解决，且该河段内无大型水生生物分布，因此该流量能满足河段内的生态环境及景观用水需求。

（4）泥沙情势

瀑布沟水库蓄水后，过水面积和水深沿程增大，库区壅水段水体流量和流速沿程减小，入库推移质和大部分悬移质在库内落淤。每年 6~9 月汛期限制水位运行期间，入库输沙量约占全年的 90% 以上，并主要集中在 6~7 月，入库泥沙呈三角洲形状向坝前缓慢推进；水库供水期（12月至翌年5月），入库流量小于出库流量，随着水位的逐渐降低，淤积三角洲面和前坡将发生冲刷，但由于枯水期入库流量较小，冲刷范围有限，冲刷量较小。库内泥沙冲淤过程总体上是随着水库运行年限的增长呈淤积三角洲形状向坝前缓慢推进，洲面也逐渐抬高。

结合近两年测量成果来看，库区泥沙淤积洲头向前推移较为缓慢，目前位于汉源县断面上游区段，尚未到达汉源县断面。根据调查，目前库区泥沙冲刷及淤积均维持在正常水平，水库运行正常。

2. 水质

（1）水质状况

2018年4月（枯水期）、8月（丰水期）开展的瀑布沟水电站库区水环境监测工作，在库区库尾、库中、坝前、坝下以及各汇入支流河口设置共8个监测断面。监测结果表明，8个断面均存在粪大肠菌群、总磷和总氮三项指标部分或全部超标现象。

（2）营养状态评价

通过用综合营养状态指数法来评价瀑布沟水库营养程度，发现瀑布沟库尾和石棉县城至汉源县城之间在4月为贫营养状态，到了8月呈中营养状态；南桠河河口在4月呈（轻度）富营养状态，到了8月呈中营养状态；汉源县城下游、坝前、坝下和支流流沙河河口、尼日河河口监测断面，在4月和8月均处于中营养状态。因此瀑布沟水电站库区水质总体处于中营养状态，未出现水质大面积污染，水质状况处于稳定水平。

（3）工程建设对库区水质的影响

本研究根据瀑布沟水电站 2002 年、2012 年和 2018 年三个时期的水环境监测调查资料，对比三个时期污染源和水质监测结果，分析工程建设对库区水质的影响，结果如下。

①工程建设前后污染源变化情况。在 2012 年成库蓄水前，库区污染源以工业污染源为主，生活污水主要来自汉源、石棉两县县城和两岸集镇，农药负荷较低。2012 年库区形成后，石棉县、汉源县及甘洛县政府加大了对库区沿岸的铅锌矿及加工企业的整改力度，提高了库区周围集镇生活污水处理效率。2018 年，石棉县、汉源县及甘洛县政府加大了环保整治和监管力度，进一步减少了工业污染源和水产养殖污染源。

②工程建设前后水质变化情况。由库尾、库中、坝前断面在复核环评、验收和后评阶段等不同时期水质监测结果可以看出，蓄水后初期库区水质相对最好，工程建设前存在总氮、总磷和重金属超标的问题，工程建设运营多年后存在总氮、总磷、粪大肠菌群超标的现象。从断面水质沿程变化情况来看，工程建设前总氮和总磷浓度从库尾、库中到坝前断面均呈上升趋势，工程建设后主要表现为库中断面总氮浓度大于库尾和坝前断面。现场调查可知，在库尾和坝前断面大渡河干流中有支流南桠河、流沙河汇

入，支流汇入对库区水质有一定的影响。另外，工程建设后库区开展了网箱养殖，截至后评阶段最后一次水质监测时（2018年8月），汉源县库区还剩余3318口养殖网箱待拆除，网箱养殖对库区总氮、总磷的变化也有一定的影响。

3. 水温

在运营期间，瀑布沟水库开展了坝前水温及下泄水温的人工原型观测及在线监测。监测结果显示，瀑布沟水库库区存在水温分层现象。春、夏、秋季库区水温明显分层，库表与库底温差在8~15℃范围内，冬季库区水温也存在分层现象，但库表水温与库底水温差值小于5℃。春季坝前垂向水温出现双温跃层分布，夏季更为显著，秋季垂向水温分层逐渐减弱，冬季垂向水温分层现象较弱。瀑布沟坝前垂向水温各年的年内变化趋势基本一致，仅每年气象条件不同、上游来流不同以及由其引起的调度运行的局部差异，使坝前垂向水温在年际出现一定的细微差别，主要表现在库表水温、库底水温的最高值、最低值不同，以及出现的时间不同。总体来看，各年的最高库表月均水温基本出现在8月，最低库表月均水温基本出现在2月。

瀑布沟水电站下泄水温存在春、夏季低温水和秋、冬季高温水问题，其中3~5月下泄水温低于天然河道水温，1~2月、10~12月下泄水温高于天然河道水温。由于沿程温变效果，全年各月下泄水至沙湾水文站后，水温均得到不同程度的恢复，其中高温期水温恢复较快，低温期水温恢复较慢。

（二）水生生物状况

水生生物状况分为浮游植物、浮游动物、底栖动物、水生维管束植物和鱼类五个方面阐述。

1. 浮游植物

浮游植物适宜在静水或缓流水中生活。建电站之前，山区坡降大，水流较急，浮游植物的种类和数量都比较少，种类上以硅藻和绿藻为主。水库形成的前几年，浮游植物区系组成、生物量、初级生产力等都发生了一定变化。水库蓄水后，在库弯相对静止的区域，营养盐类浓度较高，给浮游生物以栖息、繁衍的必要条件。

瀑布沟水库形成后，水体的透明度提高，水中光线加强，浮游植物的种类和数量增加。从调查结果来看，浮游植物中仍然是硅藻门占绝对优势，其次为绿藻门、蓝藻门。这些藻类是适应性很强的浮游藻类，在各种水体中都能生长，尤其喜含氮量较高、有机质较丰富的水体。

根据对瀑布沟水电站工程建设前后及施工阶段历次水生调查结果的比较分析，本研究发现各次调查结果中浮游植物均以硅藻门、绿藻门、蓝藻门为主，与验收阶段相比，后评阶段浮游植物种类数增长了 28.4%。

2. 浮游动物

水库的修建改变了河道径流的年内分配和年际分配，也相应改变了水体的年内热量分配，由此改变了浮游生物的栖息生境。从历次调查结果可以看出，与工程建设前和施工阶段相比，水库建成后浮游动物种类及数量均有较大程度的增长，但优势类群仍以原生动物为主。

根据 2018 年的调查结果，瀑布沟水库库尾、汉源断面、库尾上游 1 千米等断面浮游动物种类较多，瀑布沟水库坝下、龙头石坝下、尼日河引水工程库区等浮游动物种类较少，各原生动物种类和数量较多，生物量较低，枝角类和桡足类种类较少，生物量较高。金口河镇人类活动干扰大，浮游动物种类较多可能与水体中有较多的外源性营养物质有关。

3. 底栖动物

瀑布沟水电站运行后，工程河段底栖动物种类和数量明显增多，节肢动物、软体动物和环节动物种类均有所增加，但历次调查底栖动物均以蜉蝣目为主。

瀑布沟水库蓄水后，水位抬升，水库底层溶解氧减少，导致底栖动物的区系组成发生改变。在水电站库区，需氧量较大的种类被需氧量较小的种类取而代之，如摇蚊幼虫对环境的耐受能力强，能够适应水库的低氧环境。而原来需氧量较大的种类，如蜉蝣目、毛翅目等，迫迁到库尾或支流河段。随着库龄增加，底栖动物经初始阶段种类演变后，最终形成需氧量较小的如摇蚊幼虫等结构稳定的类群。另外，在库尾河段，出现河流—湖泊型底栖动物种群的过渡带，而深溪沟沟口和流沙河两个支流断面，仍以蜉蝣目和毛翅目等需氧量较大的流水生境类群为主。

4. 水生维管束植物

水生维管束植物（也称水生高等植物）是指生活史的全部或大部分时间在水中，并且能够繁殖下一代的植物。水生维管束植物是淡水生态系统的重要组成之一，根据其对水生环境的适应程度，可分为沉水植物、浮叶植物、漂浮植物、挺水植物四个类型。水生维管束植物的生长环境与陆生植物有很大的差别，它们以水为生存空间，热量波动较小，水深、底质、水流状况、透明度、水位、水质、生物和人为因子等对其生长和分布均有影响。

水生维管束植物是水体中的生产者，能直接利用太阳能，通过光合作用制造有机营养物质，使之变成可供生物生长繁殖的能量，是水生态系统中的基本环节。工程后评阶段的现场调查仅在支流河湾缓流处发现有眼子菜、穗花狐尾藻、轮叶黑藻等少量稀疏群落，其余皆为湿生植物，如喜旱莲子草和旱苗蓼等。

5. 鱼类

（1）种类

瀑布沟库区主要分布有鲤、鲫、宽鳍鱲、马口鱼、麦穗鱼和中华鳑鲏等适生静（缓）水产卵的平原型鱼类，而原本适应急流的鱼类如墨头鱼、平鳍鳅科、鮡科等十余种鱼类被迫迁移到库尾、坝下等河段。相比于工程建设之前，工程河段鱼类种类有所减少。虽然大坝的兴建给大渡河流域经济鱼类的繁殖和生长带来不利影响，但是对部分鱼类越冬、肥育有利。随着时间的推移，它们也逐渐适应了这种环境，并在坝下完成生殖、摄食、生长和越冬等生活周期的各个环节，各自维持一定的种群。

（2）珍稀保护和特有鱼类

瀑布沟水电站被评价河段有 6 种省级保护鱼类，分别为长薄鳅、鲈鲤、重口裂腹鱼、侧沟爬岩鳅、青石爬鮡和稀有鮈鲫，占四川省省级保护鱼类种数（40 种）的 15%。水库建成前，鲈鲤、稀有鮈鲫在工程河段资源量小；水库建成后，水域面积显著增大，水流减缓，饵料生物更为丰富，为鲈鲤、稀有鮈鲫提供了更广阔的水域空间进行索饵，尤其稀有鮈鲫可在流沙河库区上游河段产卵繁殖。但其他 4 种省级保护鱼类均受到不同程度的影响，如青石爬鮡在库区消失，上移或进入支流急流环境生活，侧沟爬岩鳅生存空间缩小，重口裂腹鱼也上移。总体来说，四川省省级保护鱼类在种类上没有发生变化，但由于河流生境条件改变，其分布区域发生变化。

（3）鱼类"三场"分布

①产卵场。瀑布沟水电站库尾、汉源断面形成的缓流水域和金口河河段的河道漫滩，为一些鱼类的产卵提供了适宜条件。但由于鱼类产卵习性各异，产卵场的生物环境和非生物环境很不相同，有的鱼类在主流回水区产卵，有的在近岸缓流水区产卵，有的在湾沱沙岸回水区产卵，等等。

②索饵场。索饵场的环境基本特征是静水或微流水，水深 0 ~ 0.5 米，有砾石、礁石和沙质岸边。这些地方形成较深的水坑、凼、凹岸浅水区、静水缓流区，与干流深

水处邻近，易于躲避敌害。同时，这些地方小型鱼类饵料生物丰富，敌害生物少，有利于幼鱼生存。在整个河段及支流中，幼鱼常聚集于岸边浅水区域索饵。

瀑布沟库区鱼类索饵区集中在库尾、汉源断面等处。汉源断面附近水流速度平缓，形成了众多湾沱，饵料生物丰富、敌害生物少，适宜幼鱼索饵。瀑布沟库区水域开阔，是一些成鱼的主要索饵场。

③越冬场。山地江河鱼类的越冬场，主要在江河的沱、坑凼、回水或微流水或流水、水下岩洞、泉眼、地下河道及巨砾石、砾石间的洞缝隙等处。不同鱼类的越冬场常随当年汛期砾石堆积、河道改变、泥沙淤积的不同而有所改变。越冬场水体宽大而深，一般水深 3 ~ 4 米，最大水深 8 ~ 20 米，底质多为乱石或礁石，凹凸不平。越冬场的两端或一侧大都有 1 ~ 3 米深的流水浅滩和河岸。根据相关调查，瀑布沟库区、汉源断面和深溪沟坝前 1 千米附近分布有一定数量的鱼类越冬场。

综上所述，瀑布沟水电站库尾和汉源河段有机质沉积明显，金口河段有众多的河漫滩和富营养的水体，这些都为某些鱼类提供了良好的索饵场和产卵场。瀑布沟库区、汉源断面水体宽大而深，深溪沟坝前 1 千米底质多为礁石，为某些鱼类提供了有利的越冬场。相比于工程建设前，瀑布沟成库后产卵场面积和规模缩小，但越冬场和索饵场面积均明显扩大。

（三）陆生生态状况

1. 陆生植物

（1）植被类型及面积

库区植被可划分为自然植被与人工植被。其中，自然植被有 4 个植被型组、8 个植被型及 16 个群系。植被类型以森林植被为主，其中针叶林占较大比重，其次为灌丛和常绿阔叶林。植被呈现以次生植被为主、人工植被较少的特点。

工程建设前的植被类型在 2018 年调查中均有发现，工程建设并未导致植被类型增加或减少。但水电站蓄水后，淹没了处于蓄水位 850 米以下的植被，主要包括一些常见的灌丛和灌草丛，以及旱地、水田等农用地植被。由于这些植被在该区域分布广泛，因此蓄水并没有导致它们消失。蓄水位以下基本没有森林分布，仅农用地植被、灌丛和灌草丛所受影响较大，主要体现在面积有一定的减少。

（2）珍稀保护植物

针对瀑布沟水电站的环评，通过野外调查和查阅文献资料，发现水库淹没及工程占地范围内无国家重点保护野生植物分布。后评阶段在调查范围内也未发现有国家重点保护野生植物分布。

2. 陆生动物

根据调查，瀑布沟库区有陆栖脊椎动物 27 目 78 科 215 种。其中国家一级重点保护动物 1 种、国家二级重点保护动物 13 种。相比于工程建设前，瀑布沟成库后两栖类、爬行类和鸟类种数均有微量增长，兽类的种类组成没有发生变化，国家重点保护野生动物的种类组成也没有发生变化。

3. 景观生态系统

库区景观生态系统由森林生态系统、灌丛生态系统、草地生态系统、村镇生态系统、农田生态系统、水体生态系统、裸岩生态系统等 7 种类型组成。其中水体生态系统、灌丛生态系统和森林生态系统为主要类型，属于自然生态系统。

4. 水土流失

汉源、石棉、甘洛 3 县属西南土石山区，境内高山耸立，地势起伏较大，降水量较充沛。区内主要有水力侵蚀、重力侵蚀以及冻融侵蚀等水土流失形式，以水力侵蚀为主，兼有重力侵蚀，冻融侵蚀比例较小。水力侵蚀形式以沟蚀和面蚀为主：沟蚀主要分布在大渡河及其大小支流两岸；面蚀为流失面积最广、危害最大的形式，主要分布在海拔 2500 米以下的中低山区。

瀑布沟水电站项目建设区地貌形态破碎，地表植被稀疏，人类活动频繁，水土流失多随暴雨发生于坡面，其中重力侵蚀主要分布在滑坡发育的陡峻岩坡地带。工程区水土流失强度以中度和轻度为主；建成前后流失强度及类型没有变化，仅施工期工程开挖、料场取土、弃渣堆放等引起了一定的新增水土流失。施工结束后，水土流失现象得到有效控制。根据调查，工程施工期间对易发生水土流失部位采取了喷锚、挡墙、护坡、建排水沟等措施，施工结束后对弃渣场、施工道路两侧以及施工场地采取了植被恢复措施，在弃渣场按照以"乔—灌—草"为群落的基本结构，种植了刺桐、川桂、垂柳、紫荆、红叶李、郁金香等植物，并生长有多重自然恢复的植物，如狗牙根、艾蒿、刺天茄、戟叶酸模等，有效地控制了工程新增水土流失量，减少了工程施工对区域水土流失的影响，并起到美化环境的效果。

二 库区主要生态环境问题

（一）部分水质指标超标，坝前水温分层明显

根据 2018 年 4 月、8 月干流和支流断面监测数据可知，河段大部分水质指标符合《地表水环境质量标准》（GB 3838 - 2002）中Ⅲ类标准，超标指标主要为总磷、总氮、粪大肠菌群。

瀑布沟水库坝前全年水温分层现象明显，升温期 4 ~ 6 月表现出双温跃层现象，8 月垂向温差最大，库底水温年内变幅较小。水电站下泄水温较坝址天然水温有所偏低，其中，每年的 3 ~ 5 月、7 ~ 8 月瀑布沟水库泄水存在不同程度的低温水效应，以 4 月最为明显，1 ~ 2 月、9 ~ 12 月瀑布沟水库泄水表现出较天然水温偏高的现象，以 12 月

最为明显。

（二）生境改变导致水生生物在种类和数量上发生不同程度的变化

在瀑布沟水电站运营期，工程河段水生生物资源在种类和数量上发生了一定变化。其中浮游植物在种类和数量上都明显增加，但硅藻和绿藻仍为调查水域的优势类群；浮游动物在种类和数量上也有明显的增加，主要是原生动物；底栖动物中节肢动物、软体动物和环节动物种类均有所增加，但仍以蜉蝣目为主。工程运行后，鱼类种类有所减少，工程运行导致适应急流的水底吸着类群（如墨头鱼、平鳍鳅科、鮡科等十余种鱼类）的种群数量有所减少，而适应静水和缓流水环境的平原型鱼类（如鲤、鲫、宽鳍鱲、马口鱼、麦穗鱼和中华鳑鲏等），因库区环境对它们更为有利，而得到不同程度的发展。鱼类产卵场面积和规模缩小，但越冬场和索饵场的面积均明显扩大。四川省省级保护鱼类在种类组成上没有发生变化，但由于河流生境条件改变，其分布区域发生变化。

瀑布沟水电站及上下游已建或在建的多座水电站目前均尚未开展过鱼设施建设，导致鱼类原有生境破坏较为严重，各水电站建设对大渡河流域鱼类具有累积性影响。

（三）消落带的环境问题突出

根据现场调查可知，汉源县、石棉县各行政主管部门对瀑布沟库区消落带的环境问题较为关注。受瀑布沟水库运行影响，水库水位处于低点时，从石棉县（库尾处）至瀑布沟坝址约 72 千米的河道两侧出现约 60 米消落带，河滩裸露，受光照和风力影响，存在扬尘等环境问题。

| 第五章 |
库区环境管理现状与主要问题

一 库区环境管理责任部门架构

　　库区环境管理涉及水质监测及控制、水资源利用、水生态保护、消落带环境管理、环境信息管理等多方面内容，具有高度的综合性、复杂性和交叉性。同时，瀑布沟水电站库区涉及 2 市（州）3 县，目前暂未成立专门的水库管理机构。因此瀑布沟水电站库区环境管理涉及众多部门，包括生态环境、水利、农业农村等专业监管部门及雅安市汉源湖开发管理委员会等综合协调部门。另外，瀑布沟水电站建设单位国电大渡河流域水电开发有限公司也承担部分水域的环境管理责任。瀑布沟水电站库区环境管理相关责任部门构成见图 5－1。

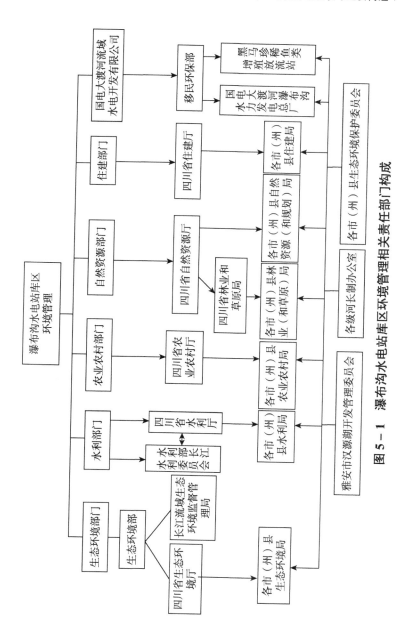

图 5 - 1　瀑布沟水电站库区环境管理相关责任部门构成

（一）生态环境部门

生态环境部门对库区的环境管理，主要体现在水环境监测及断面考核、环境监督执法、水环境生态补偿机制的落实、环境信息管理、排污口设置、面源污染治理等方面。

根据管理权限的不同，瀑布沟水电站库区环境管理涉及上到生态环境部下到县级生态环境局各级生态环境主管部门。生态环境部作为最高主管部门，主要负责瀑布沟水电站环境影响评价的审批、项目竣工环境保护验收、项目运行环境影响后评价等水电站建设相关环境管理事宜，以及国家层面与瀑布沟水电站库区相关的各项环境管理政策的执行。长江流域生态环境监督管理局（生态环境部、水利部两部委联合领导）主要负责长江流域（包括瀑布沟水电站库区）的生态环境监督管理和行政执法相关工作。四川省生态环境厅主要负责省级层面与瀑布沟水电站库区相关的各项环境管理政策的执行。市（州）县级生态环境局主要负责各自属地内瀑布沟水电站库区范围内建设项目环评审批、环境监测、环境执法、环境治理等各项政策的具体执行。

（二）水利部门

水利部门对库区的环境管理主要体现在取用水管理、生态流量泄放监督管理、水电站工程调度运行等方面。

瀑布沟水电站库区环境管理主要涉及的水利部门包括

水利部长江水利委员会、四川省水利厅和库区各市（州）县级水利局。其中，水利部长江水利委员会主要管理与生态流量泄放有关的水资源调度工作，以及流域层面与瀑布沟水电站库区相关的各项管理政策的执行；四川省水利厅主要负责制定省级与库区水资源调度管理相关的规划计划及对应的管理办法，并参与组织实施；市（州）县级水利局主要负责各自属地内瀑布沟水电站库区范围内相关水资源管理工作的具体执行。取用水管理则根据规模大小由对应级别的水行政主管部门审批。

（三） 农业农村部门

农业农村部门对库区的环境管理，主要包括网箱养殖、鱼类增殖放流、水生态监测及调查等方面。

瀑布沟水电站库区环境管理涉及的农业农村部门有四川省农业农村厅和库区各市（州）县的农业农村局。四川省农业农村厅负责瀑布沟水电站库区整体网箱养殖管理、鱼类增殖放流计划的审批、水生态监测调查等工作；各市（州）县的农业农村局负责其管辖范围内库区相关各项工作的执行及监管。

（四） 自然资源部门及住建部门

涉及瀑布沟水电站库区环境保护管理的其他行政主管部门包括自然资源部门和住建部门，与环境保护管理相关的职能主要为水资源调查评价及库区集雨范围内陆上生态环境保护。自然资源部门主要负责水资源、湿地资源调查，生态林保护及库区消落带的规划利用。住建部门主要负责库区集雨范围内垃圾收运体系的建设运行管理。机构改革后，四川省组建省林业和草原局，作为省政府直属机构，由省自然资源厅统一领导和管理。

（五） 综合协调部门

瀑布沟水电站库区现有综合协调部门主要有雅安市汉源湖开发管理委员会、各级河长制办公室、各市（州）县生态环境保护委员会。

雅安市汉源湖开发管理委员会为雅安市政府直属单位，于2015年2月成立，人员编制暂由汉源县管理，主要负责汉源湖（瀑布沟水电站库区）资源保护，组织开展汉源湖的调查统计、动态监测，并协调配合有关部门做好辖区内的环境保护、卫生、渔业渔政、绿化、文物保护、水资源保护等工作，承担市委、市政府和县委、县政府交办的其他事项。

大渡河属于四川省级十大河流之一。根据河长制相关工作安排，省级十大河流设置副省级双河长，所流经的地区分级设立市级、县级和乡级河长。目前大渡河已设立副省级双河长，各区段也分别设置了市级河长及县级河长，相应的河长制办公室设于各级水行政主管部门，负责组织领导瀑布沟水电站库区的管理和保护工作，包括水资源保护、水污染防治、水环境治理等，协调解决重大问题，对相关部门和下一级河长履职情况进行督导，对目标任务完成情况进行考核，强化激励问责。

瀑布沟水电站库区所在的汉源县、石棉县、甘洛县以及对应的雅安市、凉山州等地均成立了生态环境保护委员会，相应办公室设在各地区生态环境局，由地方政府主要领导担任委员会主任，相关具有环境保护职能职责的部门为成员，实现"党委领导、政府负责、部门联动"的工作机制，定期召开会议协调处理地区环境保护问题。

（六）国电大渡河流域水电开发有限公司

国电大渡河流域水电开发有限公司作为瀑布沟水电站项目的建设运营单位，也承担一部分库区环境管理职责，主要负责坝前 500 米范围内的水环境保护以及库区鱼类增殖放流工作的具体实施，预防和减少项目运行过程中对库区环境造成的损害，并配合地方职能部门开展库区环境污染事件的应急响应。

国电大渡河流域水电开发有限公司设移民环保部，负责组织协调各水电项目环境保护工作。其中负责瀑布沟水电项目具体运行管理的国电大渡河瀑布沟水力发电总厂设立环境保护领导小组，由生产技术处、运行维护处、厂长办公室分别承担瀑布沟水电站库区不同的环境管理职责；鱼类增殖放流方面，国电大渡河流域水电开发有限公司出资建立黑马珍稀鱼类增殖放流站，并委托四川律贝生物科技有限公司进行运行维护。

二 库区水环境质量管理

水环境质量管理方面，四川省相继出台《四川省全面落实河长制工作方案》《10 大主要河流省级河长工作推进机制》《关于四川省河长制湖长制工作提示约谈通报制度的通知》《关于全面落实湖长制的实施意见》等制度和方案，聚焦加强水资源保护、河湖水域岸线管理保护、水污染防治、水环境治理、水生态修复和执法监督等；出台《四川省"十三五"环境保护规划》等规划计划，指引水环境保护发展方向及工作重点，其中将瀑布沟列入重点良好湖库保护名单；设置各级监控断面，定期监测并公布结果。国家及省级层面相继开展环保督察，对环境管理工作进行全方位体检，及时查缺补漏。本研究结合瀑布沟水电站库区水环境质量管理特点，分别从水环境监测及断面考核、库周水污染源管控、库区水面网箱养殖、库区水面漂浮物清理和流域水环境生态补偿机制五个方面介绍瀑布沟水电站库区水环境质量管理现状。

（一）水环境监测及断面考核

目前，瀑布沟水电站库区范围内有国控地表水监测断面 1 个，省控重点湖库富营养化监测断面 4 个，市控地表水监测断面 3 个（见表 5 - 1、图 5 - 2）。各级环境监测站分别定期开展国控、省控、市控断面的水质监测及数据公开工作，各级环境管理机构根据水质监测结果对环境保护目标责任制进行考核和检查。

表 5 - 1   瀑布沟水电站库区各级监测断面

断面类型	断面名称	控制级别	所在市（州）	具体位置	规定水质类别
地表水监测	三谷庄	国控、市控	雅安市	汉源县顺河乡	Ⅲ类
	三星村	市控	雅安市	石棉县丰乐乡	Ⅲ类
	青富	市控	雅安市	汉源县富林镇	Ⅲ类
重点湖库富营养化监测	三星村	省控	雅安市	石棉县丰乐乡	Ⅲ类
	青富	省控	雅安市	汉源县富林镇	Ⅲ类
	三谷庄	省控	雅安市	汉源县顺河乡	Ⅲ类
	人渡码头	省控	凉山州	甘洛县黑马乡	Ⅲ类

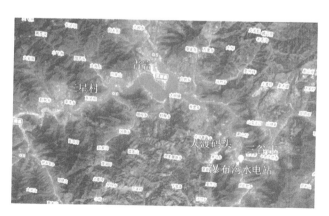

图 5 - 2   瀑布沟水电站库区水质控制断面分布图

（二）库周水污染源管控

1. 工业污染源

为保护瀑布沟水电站库区水质，库周各县积极调整产业结构，重点发展无污染或轻污染、高效益产业，限制重污染企业的兴建。各县环境管理部门也严格落实库区工业企业项目环评、环保验收等项目报建过程中的各项审批，并在近年逐渐加强了运营期的环境监管。根据汉源县、石棉县和甘洛县环境管理部门的调研结果，目前汉源县有两个工业园区，分别是万里工业园区和甘溪坝工业园区，这两个园区均建有园区污水集中处理厂并正常运行，各企业的生产废水全部纳入污水处理厂集中处理达标后排放；汉源县库区内四川省汉源化工总厂、汉源县有色金属总厂、汉源四环锌锗科技有限公司这三家工矿企业生产废水均经处理达标后排入库区。石棉县沿岸和甘洛县沿尼日河大部分企业均办理了环评手续，生产废水经处理达标后排放，但仍存在散乱污现象。各县相继出台了关于散乱污企业清查整顿的政策措施，通过排查、清理整治、回头看等手段进行整治。

2. 生活污水

汉源县城和石棉县城均建设了生活污水处理厂，生活污水经处理达到《污水综合排放标准》（GB 8978 - 1996）规定的一级标准后再排放；库区各集镇均建设有生活污水沼气净化池，出水达到《农田灌溉水质标准》（GB 5084 -

2005）规定的标准后再排放。但目前生活污水处理设施覆盖还不全面，各项生活污水收集处理设施仍在进一步建设中。近年，四川省各级政府部门相继印发了《四川省城镇污水处理设施建设三年推进方案》《雅安市农村生活污水治理五年实施方案》《汉源县农村生活污水治理五年行动实施方案》《石棉县城乡污水和生活垃圾处理设施建设专项整治方案》等专项整治方案，不断加强生活污水设施的建设。

3. 农业污染源

瀑布沟水电站库区农业生产较为发达，化肥施用量较高，以氮肥为主，其次为磷肥和钾肥。根据《四川省到2020年化肥使用量零增长行动总体方案》和《四川省到2020年农药减量控害行动方案》等文件的要求，库周各县正在农业农村部门牵头下积极开展农药、化肥减量行动。

（三）库区水面网箱养殖

瀑布沟水电站库区水面的网箱养殖由所属各县的农业农村部门分别管理。水库水位处于正常蓄水位时，水面面积共计84平方千米，其中约67平方千米水面归汉源县管理，约2.5平方千米水面归甘洛县管理，剩余水面由石棉县管理。瀑布沟工程建设运行后，汉源县和甘洛县管辖水面均开展了一定规模的网箱养殖。石棉县管辖水面范围位于库尾，水库水位处于低位时，大部分区域无水面覆盖，因此石棉县未在库区范围内开展网箱养殖。

1. 汉源县网箱养殖

为了解决移民土地少、就业难的问题,汉源县根据《四川省大型水电工程建设征地补偿和移民安置办法》第三十条"大型水电工程建成后形成的水面和消落区,在服从工程管理机构的统一指挥、管理、调度和保证工程安全的前提下,由当地县级以上人民政府统筹组织移民优先开发利用,可以发展种养殖业、旅游业等"的规定,引进华侨凤凰集团股份有限公司编制了《汉源湖渔业发展规划(2012—2020年)》,并经四川省水产局组织专家评审、县人民政府批复后实施了网箱养殖项目。该规划明确提出汉源县境内网箱养殖区主要位于大树大桥以下水域,养殖的总面积不超过300亩。同时,汉源县加强了监管和监测,出台了《汉源县汉源湖网箱养殖管理办法》,以保证发展网箱养殖后水质能够达标。但2011~2012年规划完成时由于涉及发改委限制类项目,因此未能在发改部门备案,也未开展规划环评工作。截至2017年底,汉源县共有养殖网箱4322口,总面积约230亩。

2. 甘洛县网箱养殖

甘洛县农牧局未对瀑布沟水电站库区水面进行水产渔业养殖规划,也未组织开展瀑布沟水电站库区水面网箱养殖。但瀑布沟水电站库区主要承担鱼类增殖放流任务的黑马珍稀鱼类增殖放流站位于甘洛县黑马乡,由国电大渡河流域水电开发有限公司出资建设,委托四川律贝生物科技有限公司负责具体运营维护任务。该公司以珍稀鱼类增殖繁衍需要为由，在甘洛县管辖的库区水面进行网箱养殖，但未办理完善的养殖手续。截至2017年底，该公司共有养殖网箱约2220口。

3. 整改拆除

2017年3月，四川省在环保督察中，发现瀑布沟水电站库区网箱养殖存在违规建设问题，将其列为省级环保督察挂牌督办的10个突出问题之一，要求限期整改。甘洛县于2017年4月启动瀑布沟水电站（库区）（甘洛境）非法养殖网箱专项整治行动，严格按照中央、省委、州委相关文件要求，成立工作小组、制定实施方案，开展相关法律法规巡回、不间断宣传，要求限期对非法养殖网箱强制拆除。整治行动期间，甘洛县政府相关部门通过多种途径帮助养殖户销售处理存鱼。截至2018年6月底，在甘洛县农牧局的牵头组织下，瀑布沟水电站库区（甘洛境）水面已建网箱按期全部拆除完毕。

汉源县于2017年3月发布《汉源县人民政府办公室关于成立清理整顿凤凰渔业有限公司网箱养殖项目工作领导小组的通知》，由县长任组长，各副县长任副组长，各局局长为成员。领导小组下设办公室在县农业局，具体处理协调凤凰渔业有限公司养殖网箱拆除事宜。但由于鱼苗抛售困难、渔民反应强烈等问题，截至2018年8月，汉源县共拆除网箱1004口，余3318口网箱待拆除。截至2019年1月，汉源县网箱基本拆除完毕。

（四） 库区水面漂浮物清理

针对漂浮垃圾的调研结果表明，瀑布沟水电站库区水面漂浮物问题在库尾石棉县和汉源县交界处尤为严重。

目前，根据属地管理原则，库区范围内各县对水面漂浮物进行打捞处理和监管。在具体执行过程中，主要依靠河长巡河、雅安市汉源湖开发管理委员会巡查以及群众举报等方式发现问题，通知瀑布沟水电站建设运营单位国电大渡河流域水电开发有限公司出资进行打捞清理并运往填埋场处理。

（五） 流域水环境生态补偿机制

2016 年 4 月，四川省发布了《四川省"三江"流域水环境生态补偿办法（试行）》，于 2016 年 6 月 1 日起实施，以进一步完善水环境生态补偿制度，建立三江流域闭循环考核机制。其中"三江"指岷江、沱江和嘉陵江，涵盖了大渡河瀑布沟水电站库区。这项制度在岷江、沱江和嘉陵江流域建立起流域上下游各市（州）、扩权县（市）之间的横向水环境生态补偿机制，核心是以交界断面水环境监测数据为依据，以环境标准为准绳，将经济手段用于环境监管，以强化地方政府环保责任，激发各级政府治理水环境污染的内在动力。

该制度依据交界断面水质监测结果，在监测断面的上下游市（州）、县人民政府之间实行水环境生态补偿的横向转移支付，每年由省级财政与市（州）、县财政结算。转移支付分为水环境赔偿金和水环境改善金两部分。当监测断面的任何一个考核因子的监测结果劣于规定类别时，该断面上游市（州）、县对下游市（州）、县给予水环境赔偿金；当监测断面所有监测因子的监测结果均优于规定的水环境功能类别一个级别以上时，该断面下游市（州）、县对上游市（州）、县给予水环境改善金。

为进一步完善水环境生态补偿制度，建立三江流域闭循环考核机制，依据《四川省"三江"流域水环境生态补偿办法（试行）》的规定，2016 年，四川省环境保护厅（现四川省生态环境厅）制定了《"三江"流域水环境生态补偿监测实施方案》，对监测断面、监测时间、监测内容、监测结果报送、职责分工等进行了明确。其中瀑布沟水电站库区上下游涉及的考核断面分别是三星村断面和金口河断面，断面具体信息见表 5 – 2。

表 5 – 2　瀑布沟水电站库区上下游生态补偿
考核断面信息

断面名称	三星村	金口河
所属河流	大渡河	大渡河
跨界地区	石棉县—汉源县	汉源县—乐山市
考核地区	石棉县	汉源县
监测方式	上下游联合监测	上下游联合监测
分析测试及结果上报负责单位	雅安市环境站	乐山市站

监测频次	每月一次	每月一次
监测指标	高锰酸盐指数、氨氮和总磷	高锰酸盐指数、氨氮和总磷

三 库区水资源与水生态

（一）取用水及生态流量管理

瀑布沟水电站属于国务院批准的大型建设项目。根据1994年10月7日水利部《关于授予长江水利委员会取水许可管理权限的通知》，瀑布沟水电站取水由长江水利委员会直接管理。根据2016年3月8日《长江水利委员会关于颁发大渡河瀑布沟水电站取水许可证的通知》，长江水利委员会为瀑布沟水电站颁发取水许可证"取水（国长）字〔2016〕第14003号"，年取水总量396.66亿立方米，作为水力发电用水、机组技术供水、坝区和营地生活用水、鱼类增殖站生产用水。

根据《四川省水利厅关于对长江委审批的取水单位开展取水许可监督管理有关事项的通知》（2016年5月），受长江水利委员会委托，四川省水利厅对瀑布沟水电站进行取水许可监督管理和相关服务工作，具体包括取用水总量统计，下泄水量监督管理，督促建设单位及时报送年度取用水总结、下一年度取水计划和发电计划，等等。

　　瀑布沟水电站每年制定度汛计划及水库调度方案。调度方案提出：严格按照设计要求控制水库水位升降速率，同时加强观测，确保大坝和泄水建筑物的安全；在枕头坝一级水库无法满足供水需求的情况下，及时通过深溪沟或瀑布沟溢洪设施调节或机组空载保证下游供水，确保枕头坝一级电站出库流量不小于 327 立方米/秒。按照《长江水利委员会关于大渡河 2017 年度水量调度计划的批复》的要求，为保证下游生态用水和供水，瀑布沟水电站最小下泄流量按 188 立方米/秒（日均 327 立方米/秒）控制。目前瀑布沟水电站已建设安装取用水计量设施及在线监控系统，能够确保实时完善的水量监测记录，并根据长江水利委员会和四川省水利厅的要求按期报送年度取用水总结、下一年度取水计划和发电计划等。

　　经统计，在试运营期间，从 2009 年 12 月至 2018 年 8 月，瀑布沟水电站平均下泄流量有 48 天小于 327 立方米/秒，最低日平均下泄流量为 213 立方米/秒，此时通过下游深溪沟水电站的反调节作用加大下泄流量，以满足下游四川红华实业总公司的用水需求。瀑布沟水电站有效保障了环评及批复要求的 327 立方米/秒最小生态流量，未对下游取用水产生影响。

（二）库区鱼类保护

1. 增殖放流站建设及管理

按照《四川省大渡河深溪沟水电站环境影响评价报告

书》及其批复意见，结合上游梯级瀑布沟水电站水生生物保护要求、大渡河中游大岗山水电站水生生物保护及大渡河流域规划环评要求，应建设瀑布沟鱼类增殖放流站作为大渡河中游的增殖放流站。

目前由国电大渡河流域水电开发有限公司出资，已建成黑马珍稀鱼类增殖放流站，位于大渡河中游瀑布沟水电站库区汉源湖畔黑马乡，一期于 2008 年建成，二期于 2016 年建成投运。增殖放流站现有规模达 50 余亩，拥有封闭式循环水养殖车间 6 座、仿生实验通道及生态水池 1 套、蓄水池 3 座、生活楼 2 座、办公楼 1 座、综控楼 1 座等（见图 5 - 3）。

目前黑马珍稀鱼类增殖放流站承担着大渡河流域大岗山，瀑布沟，深溪沟，枕头坝一、二级，沙坪坝一、二级等 7 座水电站的珍稀鱼类增殖放流任务，以及中长期放流鱼类和增殖放流效果监测两大科研任务，由建设单位国电大渡河流域水电开发有限公司委托四川律贝生物科技有限公司运行管理。

四川律贝生物科技有限公司制定了《四川律贝生物科技有限公司项目部管理制度》，对增殖放流站岗位设置、员工日常工作管理、生产管理值班、实验室管理等做了规定。根据管理需求，设项目经理 1 名，是站内第一负责人，下设项目副经理、业务主管、业务专员、技术员/业务员、养殖工人、综合员等岗位，负责增殖放流站各项具体运行管理工作。

图 5 - 3 黑马珍稀鱼类增殖放流站

2. 增殖放流站运行

国电大渡河流域水电开发有限公司分年度向四川省水产局提交实施鱼类增殖放流方案的请示。得到批复后，黑马珍稀鱼类增殖放流站根据增殖放流方案进行鱼苗的培育及放流，在放流活动开展前，与当地渔政部门联系，接受其监督，并进行放流活动的公证，在放流结束后，将有关情况上报四川省水产局。

瀑布沟水电站建成运行后，历年鱼类增殖放流工作开展得较为顺利。2010～2018年共开展了11次放流活动，共放流稀有鮈鲫、长薄鳅、重口裂腹鱼、齐口裂腹鱼、白甲鱼、中华倒刺鲃、鲈鲤和长吻鮠等8种鱼类，累计放流鱼苗约472.03万尾（见表5-3）。对照瀑布沟水电站环评报告及批复意见、鱼类增殖放流站设计报告及审查意见等要求，增殖放流规模基本满足要求，但增殖放流实际效果评估由于技术及经费问题暂未开展过。

表5-3　瀑布沟水电站历年放流活动统计

单位：万尾

序号	放流时间	放流种类	放流数量
1	2010年4月	齐口裂腹鱼、重口裂腹鱼、白甲鱼、长吻鮠、中华倒刺鲃	31.00
2	2011年4月	齐口裂腹鱼、长薄鳅、重口裂腹鱼、白甲鱼、长吻鮠、中华倒刺鲃	33.00
3	2011年7月	齐口裂腹鱼、白甲鱼、中华倒刺鲃	17.50
4	2012年5月	齐口裂腹鱼、重口裂腹鱼、鲈鲤、白甲鱼和中华倒刺鲃	24.40

续表

序号	放流时间	放流种类	放流数量
5	2012 年 7 月	长薄鳅、稀有鮈鲫、长吻鮠、白甲鱼、中华倒刺鲃	31.15
6	2013 年 7 月	齐口裂腹鱼、重口裂腹鱼、长薄鳅、稀有鮈鲫、鲈鲤、白甲鱼、中华倒刺鲃、长吻鮠	55.65
7	2014 年 4 月	齐口裂腹鱼、重口裂腹鱼、长薄鳅、稀有鮈鲫、鲈鲤、白甲鱼、中华倒刺鲃、长吻鮠	55.65
8	2015 年 5 月	齐口裂腹鱼、重口裂腹鱼、长薄鳅、稀有鮈鲫、鲈鲤、白甲鱼、中华倒刺鲃、长吻鮠	55.65
9	2016 年 8 月	齐口裂腹鱼、重口裂腹鱼、长薄鳅、稀有鮈鲫、鲈鲤、白甲鱼、中华倒刺鲃、长吻鮠	55.50
10	2017 年 7 月	重口裂腹鱼、鲈鲤、稀有鮈鲫、齐口裂腹鱼、长薄鳅、白甲鱼、中华倒刺鲃、长吻鮠	55.50
11	2018 年 9 月	齐口裂腹鱼、重口裂腹鱼、长薄鳅、稀有鮈鲫、鲈鲤、白甲鱼、中华倒刺鲃、长吻鮠	57.03
合计			472.03

　　鱼类增殖放流站除开展鱼类增殖放流外，还承担了必要的科学研究工作。按照环评报告及批复意见要求，鱼类增殖放流站共开展了 7 项科研课题研究，分别为：①川陕哲罗鲑、稀有鮈鲫、长薄鳅和青石爬鮡等鱼类繁殖基础生物学研究；②齐口裂腹鱼、重口裂腹鱼、青石爬鮡、白甲鱼等鱼类人工繁殖技术研究；③放流及主要经济鱼类苗种培育技术研究；④鱼类放流技术的影响研究；⑤齐口裂腹

鱼、重口裂腹鱼、青石爬鮡、白甲鱼等养殖生物学及技术研究；⑥气体过饱和对鱼类影响研究；⑦下泄低温水对鱼类影响研究。

3. 其他鱼类保护措施

四川省水产局根据库区支流分布情况，在大渡河干流库区设立了4个重点保护区域，分别为库尾至库尾下游5千米、宰骡河河口上游2千米至下游2千米、流沙河河口上游2千米至下游2千米、西街河河口上游2千米至下游2千米，并在重点保护区域设有警告标志牌，在禁渔期间禁止一切捕捞活动。甘洛、汉源和石棉3县分别依托地方渔政管理站，增配专业技术人员和管理人员以及相关设备，强化渔政管理站对各类捕捞等行为的管理，对鱼类资源和渔业环境实行有效管理，保护鱼类资源。

四 库区消落带环境管理

消落带是指由于季节性水位涨落，水库周边被淹没土地周期性露出水面的一段特殊地带，是水域生态系统和陆地生态系统交替控制的过渡地带，是一类特殊的湿地生态系统。消落带的主要环境特点是水位涨落频繁、土壤水淹与干旱交织。

瀑布沟水库正常蓄水位850米，死水位790米。受水库运行影响，消落区高度以一年为周期呈现规律性的变化，其间60米水位落差暴露出的土地即瀑布沟库区消落带。瀑布沟库区消落带大部分位于汉源县，汉源县消落区主要分布于流沙河与大渡河汇口至 108 国道流沙河大桥处，总面积约 3711900 平方米，其中 790~835 米区域 3217600 平方米，835~841 米区域 227600 平方米，841~850 米区域 266700 平方米。瀑布沟库区消落带有以下基本特征：①地貌形态种类多样，可分为浅丘坡型、陡丘坡型、传统混凝土护坡型、峡谷陡崖型、阶地型、混合型 6 种类型；②治理程度低，仅在少数地区发现有筑堤护岸工程、人工植被重建、传统混凝土护坡等治理方式；③地质灾害易发，消落带大多数坡度大于 45 度且坡面陡峭，多处已出现滑坡、泥石流现象；④卫生环境差，消落带垃圾随处可见，存在生活污水随意排放的情况；⑤植物类型统一[107]。

瀑布沟库区消落带的环境影响主要体现在以下几个方面[107-108]。

一是消落带土壤本底污染。库区大部分淹没的耕地耕作历史较长，长期的耕作管理导致土壤中氮、磷存在不同程度的富集。消落带土壤在水位循环涨落过程中直接与收纳水体发生作用，使消落带成为氮、磷释放较敏感而脆弱的地带，存在一定的污染风险。

二是消落带人类活动增加库区流域污染风险。目前瀑布沟库区消落带土地利用尚无合理规划。在库区水位消落期，大多数地势较好的消落带土地由周边居民任意开垦种植玉米、土豆、桑树、桃树等经济作物，部分高地势消落带被用于堆放建筑砂石和建筑垃圾，其间产生的农药、化肥污染及弃置的垃圾等在水库淹没期便直接进入库区，给水体水质带来不良影响。同时，在消落期，裸露地面也易产生扬尘，从而影响库区周边环境。

三是水库水位在短时间内的涨落变化，会使消落区产生较为强烈的土壤侵蚀。当水位降落时，土质坡面和土石坡面会发生侵蚀，土壤颗粒向下转移，并在一定范围内沉积，使局部侵蚀基准升高。当水位上升时，坡面受到水的浸泡，土壤内摩擦角减小，抗蚀性降低，土壤被冲刷剥离，从而产生较严重的水土流失。

四是水库水位频繁涨落造成生物多样性降低、生态系统退化。由于水库周期性淹水，淹水时间长、水位变动幅度大，且水位涨落逆反自然洪枯规律，成陆时气候炎热潮湿，暴雨多并常有伏旱，所以大多数原有陆生动植物因难以适应新生境而消亡、迁移或变异。库区消落带很难形成稳定的生态群落。

综上，库区消落带由于其水旱交织的特殊属性，存在较多环境问题。瀑布沟库区消落带范围大，意味着其具有更多的环境改善需求，但由于水位涨落频繁等原因而难以进行有效利用。中国水电顾问集团成都勘测设计研究院曾对消落带利用进行治理规划研究，并报送汉源县建设局，但由于实施难度较大等原因被搁置，目前暂无地方主管部门介入库区消落带的建设利用。

五　库区环境信息管理

　　环境信息管理方面，瀑布沟水电站库区相关的水质、水量、生态监测数据由建设单位或相关环境监测站监测后报送相应级别的行政主管部门。但由于库区环境管理涉及部门多，因此环境信息管理相对分散。2017 年 5 月，四川省委办公厅、省政府办公厅印发《四川省全面落实河长制工作方案》，提出"加强能力建设，搭建信息平台。建立以流域为单元的河湖信息共享机制，加快建设水资源、水污染、水环境、水生态的数据综合信息系统，打造统一化、同步化的河湖数据信息共享平台"的保障措施。大渡河作为全国第一个流域水电综合管理试点，由水电水利规划设计总院、四川大学等单位牵头，正在搭建统一的信息共享管理平台，以期实现流域水电信息集成管理，但此次调研期间此共享管理平台尚未搭建完成。

六　瀑布沟水电站运营期环境管理问题

（一）各部门环境管理职责分散

1. 各部门联动管理需求大

库区环境管理涉及范围广，涉及生态环境、水利、农业农村、自然资源、住建等各类管理部门，不同部门各司其职。但由于库区环境本属于一个有机的统一体，各环境要素之间相互关联，因此不同管理部门的管理内容存在交叉重叠或需要联动的部分。水利、农业农村、自然资源、住建等部门的行动计划受生态环境部门水质目标管理的约束，同时生态环境部门各类环境整治行动需要具体工程或事务管理的配合才能完成。

另外，瀑布沟水电站库区涉及 2 市（州）3 县，目前对库区的环境管理仍执行属地管理政策，即库区水面分别由 3 个县管理。但水环境质量会相互影响，部分污染（如漂浮垃圾、网箱养殖污染）和库区富营养化等问题难以有效溯源，因此与库区环境相关的管理政策及整治行动计划等有必要以库区整体环境质量改善为目标，由涉及市（州）县的管理部门统一制定落实。

2. 企业与政府环境管理职责界限不明确

由于水电站建设给当地水文情势、生态环境带来一定的不利影响，因此水电站建设运营后建设单位也负有一定的库区环境管理责任，主要包括坝前 500 米范围内水环境保护及库区鱼类增殖放流工作的具体实施，并通过厂区内部环境管理减少水电站运行对库区环境造成的损害。但在实际运行中，部分环境管理责任存在界限不明确的问题，如库区水面清漂责任界限不明确等。

在水电站实际运营过程中，库区水面漂浮物的监督检查由库区沿线地方管理部门开展，地方管理部门发现水面垃圾漂浮物后，由瀑布沟水电站建设单位国电大渡河流域水电开发有限公司出资打捞。水面垃圾漂浮物的形成，与流域范围内垃圾收运体系的建设运行、上游入境垃圾量等有关。清除水面垃圾漂浮物是地方政府库区水环境改善的需求之一，也是水电站正常运行的必要条件。而库区清漂责任界限目前暂无规范性文件进行界定，库区清漂费用基本由企业承担。仅通过频繁地打捞减少水面已形成的漂浮物，难以从源头上减少漂浮物的产生。

3. 库区环境管理综合协调机构有待进一步整合

瀑布沟水电站库区现有综合协调部门主要有雅安市汉源湖开发管理委员会、各级河长制办公室、各级生态环境保护委员会。各部门成立的初衷均是为地区环境改善进行综合协调服务。虽然各部门的侧重点及工作范围有所不同，但总体而言对于瀑布沟水电站库区环境管理职责的设置重复较多，尤其是雅安市汉源湖开发管理委员会与各级河长制办公室在巡查及协调任务上较为一致。

同时，在实际工作过程中，各协调机构由于人员配置、考核目标设置等问题，通常难以完成全面的职责目标。例如，雅安市汉源湖开发管理委员会工作人员少、实际协调能力有限；各级河长制办公室更多集中于考核断面达标的应对工作；各级生态环境保护委员会则更多集中于环保督察等行动的响应工作中，专门针对库区的环境管理较少。

因此，目前瀑布沟水电站库区仍缺少一个针对库区的有力全面的综合协调机构或机制，从而按期巡查发现问题、解决问题，保证断面考核达标，在及时响应各类督察要求的同时，有效联动库区相关地市各类各层级管理部门，及时对部门及企业间的管理分歧做出响应，并根据需要针对整个库区制定相关管理制度和规划方案。

（二）生态补偿考核断面有待完善

根据《四川省"三江"流域水环境生态补偿办法（试行）》和《"三江"流域水环境生态补偿监测断面》，瀑布沟水电站库区上下游生态补偿考核断面主要有两个，分别是汉源县大渡河入境三星村断面和出境金口河断面。

由于汉源县出境金口河断面上游有尼日河支流汇入大渡河，因此尼日河支流汇入水质会在一定程度上影响汉源县出境断面水质，而尼日河流域属于甘洛县管辖范围，汉源县无法控制其水质，因此现有考核断面设置不能准确反映汉源县水环境管理效果，也无法有效督促甘洛县加强尼日河水质治理。因此，汉源县出入境断面设置有待进一步完善，是否有必要增加汉源县入境断面或调整汉源县出境断面位置等还需进一步科学论证和评估。

（三）库区消落带的环境管理问题突出

瀑布沟水电站库区水位处于低位时，消落带面积较大。然而消落带土壤水淹与干旱交织的特点导致消落带合理开发利用难度大，目前暂无地方主管部门介入库区消落带的建设利用，也暂无有效办法解决消落带造成的环境隐患。因此消落带环境管理还处于空白阶段，亟须开展相关研究以寻找消除消落带环境隐患的途径。

（四） 缺乏统一的环境信息集成管理平台

由于库区环境管理涉及多个职能部门，相关水质、水量、生态监测调查数据信息分属不同部门管理，数据的规范性和一致性无法保证，不利于全面掌握库区环境状况，因此有必要搭建库区环境信息集成管理平台，汇总各管理部门掌握的相关信息，以对库区环境信息进行统一管理。以大渡河作为试点建设的流域信息共享管理平台有望解决瀑布沟水电站库区环境信息统一管理的问题，但目前该平台尚未搭建完成。

| 第六章 |

库区重要生态环境问题与环境管理对策

一 生态环境问题与环境管理的关系

目前，瀑布沟水电站库区主要生态环境问题包括部分水质超标、水生生物及生境发生变化、库区消落带存在环境隐患、库区水面漂浮垃圾环境污染和无序网箱养殖等带来的环境影响问题。

(一) 库区水环境问题

库区部分河段水质氮、磷含量出现超标，与库区集雨范围内的陆源营养物质输入、网箱养殖及上游县（市）来水水质有关。从环境管理视角看，涉及库区及流域上游政府的发改、生态环境、水利、农业农村、自然资源和规划等部门，在流域规划、产业规划、产业结构和类型、地区发展定位审批审核方面，主要在属地辖区内进行统筹，造成流域（库区）各部门和上下游之间在环境资源利用和管理权限上存在分歧和交叉。目前正通过大渡河水环境生态补偿试点进行考核和协调。

（二）水生生物保护问题

目前水生生物保护问题，主要通过栖息地保护和增殖放流方式解决。日常水生生物栖息地保护主要由各级生态环境、农业农村等部门组织和监管，水生生物增殖放流站主要由水电开发企业进行日常管理，放流任务由省渔业、生态环境等部门参与监督。但对于增殖放流站的日常运行，需明确由相应职能部门进行监督规范。

（三）水面漂浮垃圾问题

对于库区水面漂浮垃圾问题，目前库区上下游跨行政区域之间、水电企业和政府之间分歧较大。瀑布沟水电站库区水面漂浮垃圾目前全部由水电开发企业承担处理费用，但漂浮垃圾的最终解决涉及集雨范围内城乡管理部门、农业农村部门、生态环境部门、企业。集雨区涉及城乡建设产生的生活垃圾处理处置、农业生产过程中产生的农业固体废物等，需要从规划、处理处置、经费保障等方面进行源头控制和末端处理，从而从根本上解决水面漂浮物污染问题。

（四）库区消落带问题

瀑布沟水电站库区消落带落差 60 米，大于三峡水电站库区消落带的落差。由于瀑布沟并未成立专门的库区管理局，因此环境问题较突出。目前汉源县自然资源和规划局、雅安市汉源湖开发管理委员会、生态环境局等部门对消落带进行规划和监管。目前国家尚未出台专门针对消落带的法律法规，因此管理部门对消落带的管理缺少执法依据。

（五）库区养殖业规划问题

瀑布沟水电站库区属地内仅汉源县编制过渔业发展规划，而且编制的渔业发展规划未进行环境合理性论证。瀑布沟水电站库区的水域利用和监管涉及生态环境、水利、农业农村部门之间规划、实施和监管等职责的交叉和联动问题。

二 库区漂浮垃圾（水域垃圾）环境管理对策

漂浮垃圾（水域垃圾）的治理逐渐成为当前急需解决的重要环境问题。长期以来，中国主要重视污水治理方面的水污染问题，对水域垃圾对水环境的破坏并未给予足够的重视，大部分法律法规和治理措施主要是针对污水排放，针对水域垃圾的法律法规和措施较少。

水域垃圾污染治理是一个系统性、交叉性的问题，不是单一的水环境污染问题，在治理过程中涉及各职能部门和企业的协调与统一，不能仅从技术上去解决，还必须上升到政策层面、管理层面去研究、分析和制定政策性防治措施。

（一）水域垃圾概念

水域垃圾，又称水面垃圾、漂浮垃圾。广义的水域垃圾污染是指漂浮在各类水体（海洋、江河、湖泊等）表面的、破坏水体自然性状的，并造成视角影响的各种废弃物引起的污染。

（二）库区水面漂浮物的分类和特点

库区水面漂浮物为混合物，一般分为三类：一是沿江城镇、村庄流入江中的生活垃圾和工业垃圾，如塑料品、农用薄膜、泡沫等；二是汛期沿江田间地头随水冲刷带进江中的树枝、秸秆、柴草、树叶等；三是其他类漂浮物，如家畜尸体。

库区水面漂浮物具有如下特点：

一是季节性。库区水面漂浮物多集中在每年汛期。

二是突发性。遇强降雨、上游河源涨水时，漂浮物顺水而下。

三是随库区水位变化而变化。当库区水位在汛限水位附近时，漂浮物较为集中，清漂难度较大。当库区水位在正常水位附近时，漂浮物较为分散，打捞效率低。

（三）库区水面漂浮物环境污染特征

第一，影响流域和库区水环境质量。库区水面垃圾浸泡在水中，一部分会随着水体的自净过程慢慢腐烂变质，产生有毒有害物质和气体，不仅会污染水体，还会影响空气质量，破坏水体的自然平衡状态，影响水产品的产量和质量。内河水体和水库是宝贵的淡水资源，水环境质量下降会严重影响其周围居民生存的环境和生活的质量。

第二，影响水域生态平衡。大量的漂浮垃圾覆盖在水面上，会阻挡阳光进入水中，破坏水体的生物多样性，造成生态平衡失调。最近研究显示，漂浮垃圾的塑料成分，可以在海鸟的胃中残存几十年。水面垃圾可通过不同途径影响水生态系统。

第三，破坏流域和库区水面景观。许多水库水体兼有旅游景观开发的功能。大量的水面垃圾，特别是白色垃圾漂浮在水面上，会在很大程度上破坏水面景观，影响旅游业的发展，阻碍当地经济的发展。

第四，影响水上航运。水面垃圾较多时，会遮挡住浮标等标志，或对航标等形成巨大冲击，对航行的船只造成很大的阻力，甚至会缠绕住航行的螺旋桨，影响船舶正常航行。

第五，影响水电站的运行。对于建有水力发电厂的水体，水面垃圾大量积聚不仅会大大减少水电站进水口的进水量，而且一些水面垃圾易进入水轮机并缠住水轮机的叶片，使水轮机不能正常运转，严重时会导致水电站事故，造成巨大损失。

（四）瀑布沟水电站库区漂浮物现状及治理问题

瀑布沟水电站是大渡河中游控制性水利枢纽，库区集雨范围内涉及2市（州）3县，并有支流大沙河汇入库区。瀑布沟水电站库区具有高山峡谷型水库的特征，特别是在汛期，上游顺水漂来的垃圾及水库岸边漂浮物极易在库区坝前、干支流交汇处及部分流速缓慢的水面滞留和堆积，影响水库正常安全运行、库区水质和生态景观。目前国电大渡河流域水电开发有限公司在坝前设置了截漂网，在汛期截留了大量上游冲刷带入的漂浮物，并由打捞船进行上岸处置。漂浮物清理工作都是采用人工配合小型清漂船的办法，清理效率低，费时费力。

在坝前使用清漂船清理漂浮物是一种被动应急措施，会给工程运行和清漂工作本身带来安全隐患。漂浮物清理应贯彻标本兼治的原则。目前，漂浮物的危害性已经引起相关政府部门的重视。1997年12月24日，交通部、建设部和国家环境保护局联合发布了《防止船舶垃圾和沿岸固体废物污染长江水域管理规定》；1998年9月22日，国家环境保护局、建设部、铁道部、交通部和国家旅游局联合发出《关于加强重点交通干线、流域及旅游景区塑料包装废物管理的若干意见》。这些文件的发出在一定程度上缓解了漂浮物污染程度，但不能从根本上杜绝漂浮物的产生，且不能妥善解决已经形成的漂浮物。许多大型水电站对漂浮物的处理还处于初始阶段，有的水电站仅仅是将漂浮物打捞上岸后露天堆放。因此，漂浮物所造成的环境问题未得到实质性的解决。

瀑布沟水电站库区出现水面漂浮垃圾污染控制问题，有以下几个原因。

第一，法律制度不健全，部门协调机制不够灵活，水面污染长效管理机制尚未形成。特别对于内河，其水面保洁管理是一项涉及面广、内容烦琐的复杂事务，需要生态环境、水务、航运、交通运输、文化和旅游等多部门的合作，必须有相关的机制来保证多部门间的协调运作。目前国内尚没有建立统一的水面保洁作业标准、保洁任务招投标管理办法、保洁经费使用与管理办法，导致保洁管理难以做到有法可依、有章可循。

第二，管理体系不完善，没有上下联动机制和专门负责机构。缺乏完善的管理体系，库区部分地区和单位还没能从保障水环境安全的高度认识水面垃圾污染治理工作，水体上下游没有形成联动机制。若上游没有环保的意识和习惯，不在源头上制止水面垃圾的生成和清理水面垃圾，那么下游的清捞、保洁工作就会永无止境。

第三，水域环保意识普遍缺乏。公众的环保意识淡薄，在沿岸堆积垃圾，随意向水体丢弃各种类型垃圾。未进行保洁的水体,基本上都是卫生死角;已进行保洁的水体,在每次清理过后又有人乱扔垃圾,破坏了保洁的效果,使得水面环境质量无法改观。

第五,专项资金不足,并缺乏稳定的资金来源。

三　库区生态养殖环境管理对策

目前,瀑布沟水电站库区所涉县仅汉源县曾编制《汉源湖渔业发展规划(2012—2020 年)》,提出其境内网箱养殖区主要位于大树大桥以下水域,但并未论证养殖规模的环境合理性。瀑布沟水电站库区所涉其他县并未编制类似规划。针对瀑布沟水电站库区水环境质量和部分河段磷含量超标问题,中央环保督察要求拆除库区无序养殖网箱,进行水环境质量综合治理。本节初步模拟了在库区水质现状下,养殖容量和水库磷元素本底值的养殖容量,为后续流域和水库管理提供一定参考。

(一)　计算方法

研究瀑布沟水库网箱养鱼承载力的主要目的是防止水库富营养化,保护水库水资源。要达到这一目的,一般要限制水库的磷水平。研究这类水库的负荷力时,要先求得允许的最高养鱼磷负荷,而后根据单位鱼产量的磷负荷,计算负荷力。所以这时的负荷力是指单位水面积所能负荷的最大鱼产量,其单位是 kg/ha·a。

1. 根据磷负荷预报磷水平的模式

根据限定的水域磷水平来限制磷负荷，需先了解磷负荷和磷水平之间的数量关系。在这方面，有关学者已提出很多计算模式，其中 Dillon 和 Rigler[109] 的模式被认为是效果最好的。

该式为：

$$[P] = L(1 - R)/Z\rho \qquad (6-1)$$

式中：

[P]——总磷浓度，即磷水平（g/m^3）；

L——磷输入量，即磷负荷（$g/m^2 \cdot a$）；

R——磷的沉积物贮留率（%）；

Z——水库的平均深度（m）；

ρ——水库的水交换率（倍数/a）；

$$磷的沉积物贮留率 R = 1 - [P]_0/[P]_i \qquad (6-2)$$

式中：$[P]_0$ 为水库出水的平均总磷浓度，$[P]_i$ 为水库注入水的平均总磷浓度。

根据 Larsen 和 Mercier[110] 的公式，可以推算出：

$$R = 1/(1 + 0.747\rho^{0.507}) \qquad (6-3)$$

2. 根据限定的磷水平计算网箱养鱼承载力

据贝弗里奇[111] 的观点，计算步骤如下：

（1）先求允许的网箱养鱼磷负荷，由式 6-3 得出：

$$\Delta[P] = L_f(1 - R_f)/Z\rho \qquad (6-4)$$

式中：

$\Delta[P]$——网箱养鱼后总磷浓度的增量（限制的总磷浓度$[P]_f$减去养鱼前总磷浓度$[P]_i$）；

L_f——允许的网箱养鱼磷输入（养鱼磷负荷）；

R_f——网箱养鱼输入磷的贮留率，近似于R。

由式6-4得出：

$$L_f = \Delta[P]Z\rho / (1 - R_f) \qquad (6-5)$$

（2）再求出网箱养鱼每生产单位产量所散失在水中的磷，其计算公式如下：

$$P_L = KA - B \qquad (6-6)$$

式中：

P_L——网箱养鱼饲料磷的单位产量损失量（kg/kg）；

K——饲料系数（kg/kg）；

A——饲料含磷的百分数（%）；

B——养殖鱼（鲜重）的含磷量（kg/kg）；

（3）最后求得允许的最大网箱养鱼承载力，即：

$$C = 10L_f / P_L \qquad (6-7)$$

式中：C——网箱养鱼承载力（kg/ha·a）。

根据为防止水域富营养化而制订的允许的磷最大负荷量计算网箱养鱼承载力。Vollenweider[112]提出防止富营养化的允许的最高养鱼磷负荷暂定值，具体见表6-1，可以此为据进行计算。

表 6 - 1　防止富营养化的允许的最高养鱼磷负荷暂定值

平均深度 （m）	可允许负荷量 （g/m³）	危险负荷量 （g/m³）
5	0.07	0.13
10	0.10	0.20
50	0.25	0.50
100	0.40	0.80
150	0.50	1.00
200	0.60	1.20

（二）养殖容量计算结果

1. 现状来水及面源污染负荷条件下的养殖容量

根据式 6 - 1 求解水库磷水平 [P]，需要确定磷负荷 L、水库平均深度 Z、磷的沉积物贮留率 R、水库的水交换率 ρ。各参数确定值见表 6 - 2。

表 6 - 2　计算参数取值一览

参数	磷负荷 L （g/m²·a）	平均深度 Z （m）	磷的沉积物贮 留率 R（%）	水库的水 交换率 ρ （倍数/a）
取值	125.34	61	0.3223	7.70

根据《国电大渡河瀑布沟水电站 2017 年水库控制运用计划》，瀑布沟水电站多年平均流量为 1250 立方米/秒，即 394.2 亿立方米/年；水库正常蓄水位 850 米，库容 51.22

亿立方米；水库水面面积为 84 平方千米。由此可求出水库平均深度 Z = 61 米，水交换率 ρ = 7.70（多年平均径流量 394.2 亿立方米/正常蓄水位下库容 51.22 亿立方米），磷的沉积物贮留率 R = 0.3223% 。

（1）将 2016 年瀑布沟水电站水库水体总磷浓度年均值（0.028 mg/L）作为瀑布沟水电站水库水体现状磷水平，即 [P] = 0.028g/m³。反推求得磷负荷 L = 19.406g/m² · a。

（2）根据第三方监测单位于 2018 年 4 月（枯水期）、8 月（丰水期）对瀑布沟水电站库区 8 个断面开展监测的数据，计算得出瀑布沟水电站水库水体平均总磷浓度 [P] 为 0.266mg/L，即 [P] = 0.081g/m³。反推求得磷负荷 L = 125.34g/m² · a。

2. 求解网箱养鱼后总磷浓度的增量 Δ[P]

根据 Vollenweider[112] 提出的防止富营养化的允许的最高养鱼磷负荷暂定值，利用差值方法计算得到瀑布沟水电站水库磷的允许最大负荷量为 0.283g/m³，网箱养鱼总磷浓度的允许增量按 2016 年年均数据则为 0.255g/m³，按 2018 年最新监测数据则为 0.017g/m³。

3. 求解允许的网箱养鱼磷输入 L_f

由式 6 - 5：

按 2016 年监测数据：

$$L_f = (0.255 \times 61 \times 7.70)/(1 - 0.3223) = 176.74 (g/m² · a);$$

按 2018 年监测数据：

$$L_f = (0.017 \times 61 \times 7.70)/(1 - 0.3223) = 11.78(g/m^2 \cdot a)_\circ$$

4. 求解网箱养鱼饲料磷的单位产量损失量 P_L

根据鱼和饲料磷含量监测结果，饲料含磷的百分数为 1.4%，养殖鱼（鲜重）的含磷量为 0.00017kg/kg，饲料系数为 25000/4085/2.5 = 2.45kg/kg，据此利用式 6 – 6 可计算得到 P_L 为 0.03413kg/kg。

5. 求解网箱养鱼承载力 C

利用式 6 – 7 求解网箱养鱼承载力 C。

按 2016 年监测数据：

$$C = 10L_f/P_L = 10 \times 176.74/0.03413 \approx 51784.35kg/ha \cdot a_\circ$$

按 2018 年监测数据：

$$C = 10L_f/P_L = 10 \times 11.78/0.03413 \approx 3451.51kg/ha \cdot a_\circ$$

（三）养殖水面控制规模

根据调查，库区养殖所用网箱规格一般为 6 米 × 6 米，占用水面面积 36 平方米，年产量约为 2000 千克。结合上述养殖容量计算结果可知：

第一，按照 2016 年监测结果，水库养殖容量为 51784.35kg/ha · a，据此可计算得到水库养殖密度为每 10000 平方米水面养殖面积不应超过 932 平方米，即网箱养殖水面面积与水库水面面积之比应控制在 932:10000 之内。瀑布沟水电站水库正常水位对应水库面积为 84000000

平方米，库区网箱养殖水面面积应控制在 782880 平方米内。

第二，按 2018 年监测结果，水库养殖容量为 3451.51kg/ha·a，据此可计算得到水库养殖密度为每 10000 平方米水面养殖面积不应超过 62.12 平方米，即网箱养殖水面面积与水库水面面积之比应控制在 62.12：10000 之内。瀑布沟水电站水库正常水位对应水库面积为 84000000 平方米，库区网箱养殖水面面积应控制在 521808 平方米内。

（四） 库区生态养殖的分阶段管控要求

现阶段，中央环保督察要求，针对库区无序养殖网箱进行拆除。到 2019 年 1 月，瀑布沟水电站库区的养殖网箱已基本拆除完毕。因此，针对库区生态养殖，近期应以水环境质量综合治理为主，远期可根据国家和地方政策在流域层面依据大渡河水资源、水质目标和水环境容量，统筹规划流域各个库区水面的利用，考虑生态养殖模式，适当养殖虑食性鱼类，适当发展生态养殖。

四 库区水生态保护区空间管控对策

瀑布沟水电站所在大渡河中游水域为高原鱼类和东部江河鱼类过渡分布的水域，鱼类物种组成较为复杂，物种类别较为丰富。从 1985 年、2002 年、2012 年、2016 年的调查数据可以看出，由于水库建成蓄水，水文情势发生明显改变，库区鱼类物种组成及资源量都发生明显变化。为维持大渡河流域和瀑布沟水电站库区水生生物的物种和基因多样性以及资源量，根据"生态优先""统筹考虑"原则，划定流域层面"二区三段"水生生物栖息地保护区。其中涉及瀑布沟水电站库区的生态保护区为瀑布沟库尾产黏沉性卵流水性鱼类栖息地。在库尾鱼类栖息地保护区，禁止对该区域生态保护对象和生态功能有损害的开发活动。

五　库区消落带生态治理和空间管控对策

消落带是水域生态系统与岸上陆地生态系统的交替控制地带。在该地带，两种生态系统的物种生命活动十分活跃。消落带在生态系统的稳定性、抗外界干扰能力、对生态环境变化的敏感性及生态环境改变速率上，均表现出明显的脆弱特性。消落带土壤是水库最后一道缓冲带，是库区泥沙、有机物、化肥和农药进入水库的最后一道屏障。消落带土壤的性状对水库水质有重要影响。它既是磷的汇，又是磷的源，磷是库区水体富营养化的控制因子。瀑布沟水电站库区水质出现氮、磷含量超标的现象，因此应针对库区消落带进行合理的生态治理和管控。

瀑布沟水电站建成以后，汉源县城周边形成了 60 米左右深度的消落带。该区域的生态环境非常脆弱，存在水质污染加剧、水土流失严重、气象灾害频繁、地质灾害增多等生态环境问题，对周边自然环境、人体健康造成了严重威胁。

（一）库区消落带生态环境影响缓冲隔离区

瀑布沟水电站会对库区水位进行调控，消落带区域出露时间随水库的调度运行而有所变化，在 790~850 米范围内呈现规律变化。瀑布沟水电站消落带大多在坡地上，如果大量开发为农业用地，势必会造成氮肥、磷肥的过量施入和对土地的人为破坏，进一步加剧库区生态环境恶化。应根据消落带不同类型对土地保护做出恰当的功能分区，划定生态保护区域，同时在被保护的土地与已利用土地之间建立缓冲区域，隔离人类的经常性、生产性活动，从而减少人类活动对库区生态环境的影响。根据消落带的出露时间（见表 6-3 和图 6-1），建议 835 米以下由水库库底自然稳固；835~850 米通过生态护坡或者种植耐淹没植物进行生态治理，同时起到阻污截污、保护下层消落带的作用；850 米以上种植经济林木或特色植物等。

表 6-3　瀑布沟水电站库区消落带的出露时间分布（丰水年）

高程	>850 米	845~850 米	841~845 米	835~841 米	821~835 米	790~821 米
淹没时间	不淹没	11 月至次年 1 月	10 月至次年 1 月	6 月至次年 1 月	6 月至次年 3 月	6 月至次年 4 月
成陆时间	1~12 月	2~10 月	2~9 月	2~5 月	4~5 月	5 月
可利用时间	365 天	270 天	240 天	120 天	60 天	30 天

图 6-1 库区不同高程的消落带空间利用示意

（二）控制消落带点源污染

瀑布沟水电站水库蓄水后，沿岸零星工业及生活污水中的污染物逐渐在消落带聚集，特别是水库上游唐家乡铅锌矿、九襄镇小型工业污水的排放对水体的污染贡献率越来越高。因此瀑布沟水电站库区必须加强工业污染等点源污染的防治工作，从源头上控制外源性营养物质和污染物输入。

（三）控制消落带面源污染

消落带沿岸农村面源污染的严重性日益突出，例如汉源新县城建设过程中以及居民生活污染物的排放，对库区水体产生较大影响。同时，在瀑布沟水电站库区消落带沿岸规划的富泉工业园区也是潜在的污染源。此外，人们从事农业生产活动时产生的面源污染越来越严重，包括化肥、农药及农田水土流失等造成的水体污染。因此必须加大消落带面源污染治理力度。

（四）科学规划、加强管理

瀑布沟水电站库区消落带环境建设是一项跨地区、跨部门、跨行业的系统工程。应结合库区环境管理体制架构，由湖库开发与生态保护领导小组在编制环境规划和计划的过程中，把消落带环境保护目标、任务、措施放在重要的位置。同时，应该与汉源县矿区规划、新县城建设规划有机结合起来，通过有步骤地实施，达到从根本上防治消落带环境问题的目的。

六　从库区水环境生态补偿向流域
全面生态补偿转化

瀑布沟水电站库区所在的大渡河流域已试点开展流域环境生态补偿工作，按照四川省统一部署，实施岷江重要支流交界断面上下游地方政府之间的水环境横向生态补偿，贯彻《四川省"三江"流域水环境生态补偿办法（试行）》，建立流域上下游各市（州）扩权县（市）之间的横向水环境生态补偿机制。但是在水环境生态补偿考核断面和考核指标中，库区属地内的漂浮垃圾未纳入考核范畴，导致目前的漂浮物处理方式不能从根源上解决问题。建议下一步将库区漂浮物纳入上下游生态补偿考核中。

| 第七章 |

基于河长制的库区环境管理
机制完善与优化

当前，瀑布沟水电站库区环境管理以属地管理为主。2017年，四川省全省建立了四级河长制体系，在一定程度上缓解了部门权责交叉过多、属地管理主体分散且不统一的问题。本部分将针对瀑布沟水电站库区管理现状和主要问题，基于四川省各级河长制体系，对各相关管理机构的工作协调统筹机制、河长制责任落实与考核细化机制、跨行政区域协同与区域联动机制、经费保障机制等进行完善与优化，旨在统筹管理库区水资源、水环境、水生态和岸线及集雨范围内的开发利用和环境保护，建立长效且综合的瀑布沟水电站库区环境管理体系。

一 四川省各级河长制工作机制建设

（一）四川省河长制的历史溯源

2016 年，中共中央办公厅、国务院办公厅印发了《关于全面推行河长制的意见》，将河长制推向全国各地，并覆盖所有的江河湖泊。2017 年，四川省成立了全面落实河长制工作领导小组，省委书记担任组长，省长担任总河长。同年，四川省委、省政府印发《四川省贯彻落实〈关于全面推行河长制的意见〉实施方案》（以下简称《实施方案》），提出 2018 年底前全面建立河长制，为全省河湖功能永续利用提供制度保障。

在《实施方案》的指导下，四川省委办公厅、省政府办公厅在 2017 年 5 月印发了《四川省全面落实河长制工作方案》（以下简称《工作方案》），提出河长制实施工作具体目标，其中包括：2017 年 5 月 20 日前，印发四川省各市级河长制工作方案；确定省、市、县、乡四级河长名单；2017 年 5 月底前，出台县、乡级河长制工作方案；建立各级河长会议、信息共享和报送、工作督察、部门协调和上下联动等工作制度和机制；2017 年 6 月底前，建立各级验收制度和考核问责、激励机制，出台四川省级"一河一策"管理保护方案大纲，市、县、乡级提出年度目标、问题、任务、责任清单；2017 年底前，编制完成全省"一河一策"管理保护方案,确保全面建立河长制。

与此同时,《工作方案》还明确了河湖管理与污染治理的具体目标,其中包括:到 2020 年,四川省范围内水资源保护、水域岸线管理、水污染防治、水环境治理、水生态修复等方面取得明显成效,乱占乱建、乱采乱挖、乱倒乱排等现象得到有效遏制,侵占河道、超标排污、非法采砂、破坏航道、电毒炸鱼等突出问题得到依法清理整治;跨行政区域的河湖管理责任明晰,上下游、左右岸联防联控机制有效运行,重大问题得到解决;各级河长和有关部门履职到位;基本完成全省河道管理范围划定和十大主要河流岸线开发利用与保护规划;完成全省及各市、县主要河流水功能区划分。

(二) 各级河长制工作的组织载体

四川省各级河长制工作的机制建设依然坚持"以块为主、属地管理、分级负责"的原则,并在全省建立省、市、县、乡四级河长体系(省、市级统称河长,县、乡级统称河段长),根据各地的具体情况,设立村级河段长。各级设立总河长,县级及以上设置相应的河长制办公室(简称"河长办"),负责辖区内河湖治理。

各级河长均由本级党委、政府主要领导担任。在全省范围内全面实行河长制工作领导小组领导下的总河长负责制,省委书记担任领导小组组长,省长担任总河长。省内沱江、岷江、涪江、嘉陵江、渠江、雅砻江、青衣江、长江（金沙江）、大渡河、安宁河十大主要河流实行双河长制。总河长设办公室，主任由省政府分管水利工作的副省长兼任，副主任由省政府有关副秘书长及水利厅、生态环境厅主要负责同志兼任，省直有关部门主要负责同志为成员，实行河长联络员单位制度。省河长制办公室设在水利厅。

市、县、乡党委、政府主要负责同志分别担任辖区内第一总河长、总河长，并分别兼任 1 条重要河流的河长。市、县、乡级河长设立的指导原则是：省内十大主要河流流经的市、县、乡级河段，分别设立市、县、乡级河长；十大主要河流以外的其他跨省、跨市河流，其流经的市、县、乡河段，分别设立市、县、乡级河长；跨县河流设立市级河长，其流经的县、乡河段，分别设立县、乡级河段长；跨乡河流设立县级河段长，其流经的乡河段，设立乡级河段长；乡内河流设立乡级河段长。

以雅安市为例，建立市、县、乡、村四级的河长制体系。全市成立了市委书记担任第一总河长，市长任总河长，市委书记、市长分别担任市境内青衣江、大渡河河长，市委常委、市人大常委会副主任、市政府副市长、市政协副主席分别担任全市市管及以上 14 条重要河流、2 座中型水库河长的双河长制；设立了由分管水务的副市长兼任办公室主任的总河长办公室；明确了市水务局作为河长制办公室，组织实施具体工作，并要求各县（市、区）按照时间节点稳步推进此项工作。

　　作为负责河长制日常管理工作的机构，各级河长办负责制定河长制管理制度；承担河长制日常工作，交办、督办河长确定的事项；分解下达年度工作任务，组织对下一级行政区域河长制工作进行检查、考核和评价；全面掌握辖区河湖管理状况，负责河长制信息平台建设；开展河湖保护宣传。各级河长、河长办不能代替各职能部门工作。

（三）基本制度

1. 河长会议制度

　　提高部门间的协作效率是四川省河长制的一项重要目标。四川省各级政府定期召开河长制领导小组会议、办公室会议、领导小组成员单位联络员会议，以加强部门之间的沟通联系，共同研究、合力解决重要问题。同时，建立会商机制，强化工作协调，促进信息共享，推动河长制相关任务落实。河长制体系的运行，依靠党政负责人垂直领导，调动各部门之力，加强部门间的沟通与协作。河长会议制度有利于召集各部门负责人共商在日常河道治理过程中发现的跨部门、跨行业疑难杂症，督促难题的解决。这种横向协调机制试图通过组织网络的形式，进行信息共享和部门协作，在一定程度上弥补了"零碎化"办公的缺陷。河长会议制度有利于建立部门协调和上下联动机制，加强部门联合执法，加大对涉河湖违法行为的打击力度；有利于强化上下协同作业，同步推进河长制各项工作。

2. 督导检查制度

四川省、市、县各地逐步建立督导检查制度，并且形成制度化政策，加大河长制督查指导力度，以统筹推进下一级河长制工作进度。各级河长办明确工作目标任务，拟定对下一级河长的考核目标，制度化考核各项工作的完成情况，督导下一级有力、有序、高效推进河长制各项工作。

在市级层面，加大对县、乡、村级河长常态化巡查的督导检查力度，督促县、乡、村级河长切实履行河长职责，围绕河长制"加强水资源保护、加强河湖水域岸线管理保护、加强水污染防治、加强水环境治理、加强水生态修复、加强执法监督"六大任务，以"问题清单、目标清单、任务清单、责任清单"四张年度工作清单为抓手，对所负责河湖开展清河、护岸、净水、保水四项行动，整治乱占乱建、乱围乱堵、乱采乱挖、乱排乱倒、黑臭水体、水土流失等突出问题，做到守土有责、守土负责、守土尽责，有效遏制危害河湖健康行为。

配合督导检查制度的实施，市级及以下的河长办开展常态化巡查工作，通过各级河长协调各方关系，研究解决河湖管理重点难点问题，确保河长制各项工作扎实推进。

3. 信息报送制度

各职能部门建立信息报送制度，每月按规定时间将工作进展情况报送相应级别的河长办，并上报给上一级河长办。信息报送内容主要包括：一是贯彻落实上级重大决策、部署等工作推进情况，河长制管理工作重要进展情况；二是河长制管理工作和江河湖库管护中涌现的新思路、新举措、典型做法、先进经验以及工作创新、特色和亮点，本地区、本单位河长制管理工作新情况、新问题和建议意见；三是河长对河长制管理工作重要部署的落实情况，年度工作目标、工作重点推进情况，重点督办事项的处理进度和完成效果，危害江河湖库管护的重大突发事件的应急处置等。

4. 信息共享制度

四川全省制定"一河一策"，完善每条河流基础信息数据库，全面建立河湖名录体系，同步颁布《四川省生态环境监测网络建设工作方案》，按照统一监测规划、统一基础站点、统一标准规范、统一评价方法和统一信息发布要求，构建布局合理、功能完善的地表水、地下水、集中式生活饮用水及水源地水质监测网络。开展全省水环境质量监测、评价和预报预警，建立测管协同机制。建设水环境监测信息系统，建立大数据分析模型，开展大数据关联分析，实现水环境监测数据集成，统一发布水环境监测信息。建立以流域为单元的河湖信息共享机制，建设水资源、水污染、水环境、水生态的数据综合信息系统，打造统一化、同步化的河湖数据信息共享平台。建立河湖保护目标考核信息系统，对目标考核实行动态管理。

5. 考核制度

四川省建立河长制考核制度。在省级层面推行《四川省河长制工作省级考核办法（试行）》，对市级总河长、市级河长和市级河长制办公室及省直有关部门进行考核。主要考核内容涵盖水资源保护、河湖水域岸线管理保护、水污染防治、水环境治理、水生态修复和执法监督六大方面。考核主要分为自查、考评和审定，考核结果将被作为领导干部自然资源资产离任审计、生态环境损害责任追究以及干部考核的重要内容，不合格的河长将有可能被约谈甚至问责。各市、县根据具体情况制定相应考核办法，对下级（总）河长、河长办和同级的有关职能部门进行考核。

二　河长办与雅安市汉源湖开发管理委员会、生态环境保护委员会的日常管理方式和权责交叉状况

河长制办公室属于河湖管理综合协调部门，河湖环境管理及目标考核是河长办的重要工作内容之一。对大渡河瀑布沟水电站库区来说，除了大渡河各级河长制办公室，环境管理相关的综合协调部门还有各级生态环境保护委员会和雅安市汉源湖开发管理委员会。

瀑布沟水电站库区所在的汉源县、石棉县、甘洛县及雅安市、凉山州等地均成立了生态环境保护委员会，相应办公室设在各地区生态环境局。生态环境保护委员会由地方政府主要领导担任主任，以具有环境保护职能职责的相关部门为成员，建立了"党委领导、政府负责、部门联

动"的环保工作机制，定期召开会议协调处理地区环境保护问题。

同时，雅安市汉源湖开发管理委员会为汉源县政府直属单位，主要负责汉源湖（瀑布沟水电站库区）资源保护，组织开展汉源湖的调查统计、动态监测，并协调配合有关部门做好辖区内的环境保护、卫生、渔业渔政、绿化、文物、水资源保护等工作，承担县委、县政府交办的其他事项。

可见，河长办与生态环境保护委员会、雅安市汉源湖开发管理委员会之间存在一定程度的权责交叉。

首先，在权责范围方面，三个机构的主要职责均包含瀑布沟水电站库区环境管理相关内容。河长办主要关注河流水资源及水环境保护，瀑布沟水库是大渡河中游控制性水库工程，对应的大渡河各级河长制办公室权责涵盖瀑布沟水库水环境保护；生态环境保护委员会主要关注行政区域范围内各类环境保护问题的解决，瀑布沟水库属当地重要水体保护对象，因此其环境保护及环境管理也是各级生态环境保护委员会的职责之一；雅安市汉源湖开发管理委员会则是专门以汉源湖（瀑布沟水库汉源县和石棉县区域）为对象设立的综合协调机构，汉源湖环境保护和管理是其主要职责之一。

其次，在管理方式上，河长办设于各级水利部门，生态环境保护委员会设于各级生态环境部门，均由地方政府主要领导牵头，且均通过定期召开会议的形式加强部门之间的沟通联系，解决重要环境问题。雅安市汉源湖开发管理委员会为汉源县政府直属单位，主要通过巡查、调查统计和动态监测的方式开展日常工作，并对发现的环境问题督促相关责任部门解决，必要时可以通过汉源县政府进行部门间沟通协调。而督导检查制度也是河长办的基本制度之一，要求市级及以下河长办开展常态化巡查，通过各级河长协调各方关系，研究解决河湖管理重点难点问题。

三　现有河长制下库区管理的优化与完善

（一）河长制机构设立的完善与日常管理权限的强化

在中央全面推行河长制的前提下，地方政府通过河长办建立协调机制。其中，加强湖库事前管理的协调是长效化管理体系建设的关键。在协调机制中，起枢纽作用的往往是河长办。然而在目前运行的河长制中，河长是河长制运作的核心，河长根据河长工作方案展开工作，具体包括发现问题、调查问题、交办问题、解决问题。河长制办公室只负责日常业务管理，如将河长发现的问题传达给相关部门，督促下一级河长工作，不负责执行。但现实操作上，各级党政负责人的本职工作已非常繁重，除了工作会议和必要的督导检查，对日常河湖的管理介入并不多。相反的是，原本应该发挥主要作用的河长办，却仅负责日常业务的传递、信息的整理与报送，没有发挥应有的作用。

同时，市、县级的河长办（如本次调研的雅安市、汉源县的河长办）一般设立在相应层次的水利部门，负责日常业务管理和协调工作。但湖库环境管理涉及生态环境、水利、农业农村、林业、住建等各类管理部门，不同管理部门的管理内容也会存在交叉重叠或需要联动的部分。从各部门职责分工来看，水利、农业农村、林业、住建等部门职责主要集中于对污染源的管理及整治，即对污染进行过程管理，而生态环境部门职责更多集中于结果管理，即对水质进行监测及考核、落实水环境生态补偿机制等。跨部门的事前管理协调的职能单由设立在水利部门的河长办来承担显得"力不从心"。通过对实际运行的过程进行观察可发现，河长办作为了解库区情况、污染原因及治理对策的单位，在管理和协调过程中仅充当一个做简单文职工作的机构。本研究建议学习浙江省"五水共治"的成功经验，成立综合性跨部门的河长制工作领导小组，由党委和政府的一把手担任工作领导小组组长，由负责政府常务工作的第一常务副职担任常务副组长，由党委办公厅（室）、政府办公厅（室），党委组织、纪委、政法和宣传部门，以及政府的各职能部门等部门负责人担任副组长及其成员。工作领导小组下设办公室和各专项工作推进小组，河长办应设在党委办公厅（室）下，以综合组织、协调、管理、监督河湖治理（包括湖库管理）的工作。这样才能从机构体制上强化河长办（特别是市、县级河长办）的日常管理和协调职能。同时，在省、市、县、乡设立相应层级的工作领导小组和河长办，各层级的（总）河长由相应层级的工作领导小组组长（一般为政府一把手）担任，并实行河长制工作领导小组领导下的（总）河长负责制。为了协调各职能部门履行相应的"管、治、保"职责，各层级与流域治理相关的政府职能部门需成立一个与河长制工作对应的"业务处室"，并定期采用人员借调的方式到相应层级的省、市、县、乡河长办进行工作，以方便协调与沟通，协助河长与河长办的日常工作，在流域生态保护和治理方面充分发挥主导优势。

　　基于现有河长制的规定，四川省内设立总河长、副总河长、（跨行政区域）河流湖泊省级河长（如大渡河河长）、市级河段的河长，以及市级以下河长和基层河长。省级的总河长负责全省河长制工作；副总河长、河流湖泊省级河长，由省委、省人大常委会、省政府、省政协领导担任，负责组织领导相应河道管理和保护工作，履行"管、治、保"三位一体的职责，协调解决重大问题，对相关部门和下一级河长履职情况进行督导。省级河长确定对应省级联系部门，协助河长负责日常工作。市、县、乡党政主要负责同志担任本地区总河长，负责本行政区域河长制工作。市、县、乡、村内所有河流、湖泊分级分段设立河长。跨行政区域的河道，原则上由共同的上级领导担任河长。市、县两级河长设立相应的联系部门，协助河长负责日常工作。考核机制采取下沉一级方式，即上一级河长通过相应层级的河长办对下一级河长开展工作考评，省级总河长、副总河长以及河流湖泊省级河长通过省河长办对市级河长进行考核，县（市、区）级河长由市河长办来考核，乡镇级河长由县（市、区）级河长办考核。

（二）考核制度的完善

四川省在推进河长制建设上，初步建立了工作会议、信息共享与报送、督导检查、考核等制度。但在具体运行中，督导检查机制倾向于监督各地机制推进情况，对库区管理的日常工作无法做到良好的监督。与此同时，河长制实质上是行政问责制的一种表现形式，要使河长制发挥应有的作用，考核和问责制度至关重要。当前四川省河长制中库区管理层面的考核内容针对性不强。河长制的考核主要倾向于水资源保护、河湖水域岸线管理保护、水污染防治、水环境治理、水生态修复和执法监督，对于库区水面漂浮垃圾没有明确的考核规定。从上文的问题识别来看，库区水面漂浮垃圾问题尤为严重，而河长制中缺失相关的考核内容。

从当前四川省河长制的实践来看，河长制的考核主要采取自上而下的形式，虽有问责措施，但实际上上下级之间存在很多利益纠葛，导致河长制的实行面临阻力。上级对下级问责时，一旦下级出错，上级也需要承担连带责任，因此存在问责结果的公正性问题。在考核过程中，即便下级工作不到位，上级也会考虑其评定结果对自身的影响,从而给出正面的评价。这有悖于监督考核的真正意义,会对河长制有效实行和长效化造成一定的负面影响。

在现有河长制下,针对湖库管理的考核,本书认为应做到以下两点。

第一,加强责任落实与督查考核机制的细化。省级层面应出台相关的工作方案,明确各部门和集雨区所涉及各市的职责,推出相应的考核管理办法,革除互相"踢皮球"的弊端。市级层面应根据省级层面的工作要求,制定本市内各部门和各县的职责,推出与之相应的考核管理办法。

省、市相应层级的党委组织部负责各部门、各市、县领导班子及相关领导干部的实绩考核,并把相关内容作为党风廉政建设责任制考核范围。建议对党政领导干部实行问责,明确奖惩措施,建立每月考核通报机制与"一票否优"机制,推动湖库治理有效开展。在全省组建相应数量的督导组,每个督导组固定负责一个市进行跟踪督导,每季度赴下辖县进行督导。

第二,引入真正的第三方考核机制,并将第三方考核的结果向公众公布,以进行社会监督,确保考核的真实性,并且在以下方面推进相关工作。

(1) 建立第三方考核评估制度。第三方考核评估是基于"委托—代理"的一种契约关系,而契约关系的实现需要制度的保障。《四川省河长制工作省级考核办法(试行)》《四川省全面建立河长制工作验收办法》主要适用范围是市级总河长、市级河长和市级河长制办公室及省直有关部门，主要考核内容涵盖水资源保护、河湖水域岸线管理保护、水污染防治、水环境治理、水生态修复和执法监督六大方面。考核方式主要分为自查、考评和审定，考核结果分为优秀、良好、合格和不合格四个等次。考核结果将被作为领导干部自然资源资产离任审计和生态环境损害责任追究的重要内容，不合格的河长将有可能被约谈甚至问责。然而，考核主要采取自上而下的形式，存在一定的问题。因此，需要从省级层面出台《考核办法》的修订版本，并且明确提出河长督查制度的落实、河长会议制度的落实、信息管理与共享制度、报告制度、河长巡河制度以及水资源保护、河湖水域岸线管理保护、水污染防治、水环境治理、水生态修复和执法监督等方面，可由第三方评估机构进行补充考核，从制度层面确立第三方机构参与河长制考核的合法地位和权威性，为评估工作的顺利开展奠定基础。同时，可出台第三方评估规范，从评估机构资质、考核程序、标准规范、录入规范、数据/信息的获取、调查人员专业化能力与资质、结果使用等方面对评估质量和结果进行制度保障。

（2）优化第三方评估主体的结构。现有环境咨询方面的第三方评估队伍主要由科研机构和高校组成。河长制考核工作的深度推进，对评估机构和人员的专业知识和技术方法提出了更高的要求。建议吸纳更广泛的科研团体、社会组织参与其中，打造一支专家和行家联手的评估队伍。

（3）建立考核信息公开和评估结果运用机制。首先，必须建立健全与流域治理相关的信息公开机制。获取大量丰富、真实的工作信息是评估工作开展的前提条件。因此，信息公开是考核工作开展的第一步，要依托"互联网＋"时代电子政务建设建立信息网络公开平台，以保证社会公众和第三方评估机构能够获取关于河长制工作开展的有效信息。其次，建立健全评估结果公开和反馈机制。建立河长制工作第三方评估结果的动态发布机制，将评估工作的流程、指标、结论公之于众，实现全社会对评估工作的监督。评估过程结束后，整理评估结果，生成具体的评估报告，并在第一时间反馈给相关职能部门，为以后的河长制与流域规划和治理工作提供参考依据。

（三）建立统一监管平台和生态环境大数据

目前，瀑布沟水电站库区水质、水量、水生态、渔业资源及生态流量监测调查数据信息的采集工作分属于生态环境、水利、农业农村（渔业）、发电企业等部门和机构，数据采集规范存在差异，数据共享渠道不顺畅，对于全面掌握库区及流域生态环境状况，指导流域生态环境保护工作不利。在新一轮的中央机构改革方案中，流域管理领域建立流域生态环境监督管理局，主要负责流域生态环境监管和行政执法相关工作。因此，将流域及库区生态环境基础数据汇总，搭建流域和重点库区生态环境基础数据管理平台，并将其与生态环境污染应急平台接轨，有利于全面掌握全流域和各库区生态环境状况，充分了解现存和潜在生态环境问题，支撑后期流域生态环境监管和执法工作。

（四） 跨行政区域湖库环境管理制度的优化

瀑布沟水电站库区涉及 2 市（州）和 3 县。当前四川省建立的四级河长制体系，以各级河长会议制度与各项监督巡查考核制度为基础。从目前四川省各级河长制运行过程看，虽然从制度层面要求各级河长在相关湖库污染治理中主动作为，但在实际运行过程中，依然按照上级对下级"列清单—列指标—年度考核"的程序进行。上级政府加强对下级河长的考核有利于加强水体水污染治理的效果；但事实上，要使跨行政区域湖库环境管理体制长效运行，必须对现有的河长制进行优化，以协调和解决跨行政区域、跨部门之间的争议，实现湖库可持续发展，正确处理生态保护和合理开发利用的关系。当前河长制具有"管、治、保"三位一体的职责，但是三位一体的职责需要三者形成协同关系。因此，结合当前四川省河长制的运行以及治理方面的难点，需要从省内涉湖库综合利用与生态保护规划联合编制与实施制度、区域联动机制、现有河长制工作流程与考核内容以及经费保障机制等方面进行调整和优化，使四川省河长制在相关问题治理方面实现整体性与协调性相统一的治理效应。

1. 建立省内涉湖库综合利用与生态保护规划联合编制与实施制度

现有的各级河长会议制度虽然可以解决当前跨行政区

域湖库环境治理问题，但要使跨行政区域湖库治理有长久的效果，需建立省内涉湖库综合利用与生态保护规划联合编制与实施制度。由领导小组办公室负责委托专业机构编制规划报告，对规划报告质量进行审查把关，对符合要求的规划进行组织实施；由领导小组办公室负责跟进既有规划的实施情况；针对正在进行或拟开展的规划编制工作，由领导小组办公室征求各成员单位意见，并通过例会制度解决规划编制过程中的争议。同时建议推广使用拟开展的规划目录清单，并制定实施方案。

针对既有规划联合实施方式，按照规划方案要求，由领导小组办公室统筹协调并落实好牵头单位，由各成员单位相互协作，完成规划目标及任务；针对实施过程中各部门间/各地市间的争议，可以通过河长会议制度进行协商。

2. 构建区域联动机制

现有的河长制虽然提出制定"一河一策"管理保护工作方案，强调"建立健全长效管理机制，妥善处理好上下游、左右岸、干支流关系，联动推进治理、管护与建设工作，保障湖库水环境持续改善、水环境功能正常发挥"，但实行的效果有待观察。本研究建议省政府出台以跨行政区域相邻属地政府为主体的"省、市、县"三级跨行政区域湖库生态环境治理协调机制，探索一体化、联防责任化、联治高效化、协商常态化的跨行政区域湖库生态环境治理模式。

从省级层面，推动建立联合会商、联合通报、联合监测、联合执法和联合督查的五大工作机制，并且通过领导小组的例会制度，沟通、协商、解决各部门、各级政府和各水电发电企业在湖库生态治理方面的问题。

3. 优化完善现有河长制工作流程与考核内容

针对库区水面漂浮垃圾的环境管理，应纳入上下游生态补偿考核中。目前实施的流域上下游各扩权县之间的横向水环境生态补偿，未能从根源上解决漂浮物问题。针对库区消落带环境管理问题，可根据前文所述，由党委办公厅（室）下面的河长办进行日常工作。漂浮物的问题一般归口于城市管理部门进行管理，因此可通过领导小组的日常会议及河长办的日常会议制定协商与衔接。同时，漂浮物的问题需并轨纳入年度考核指标，考核方案的年度指标可由省级政府有关部门来制定，然后各地根据这个年度指标来进行考核，并根据当年考核完成情况与有关数据制定下一年度的考核指标。

4. 建立经费保障机制

四川省现有的河长制提出"要积极落实河湖管理保护经费，引导社会资本参与，建立长效、稳定的河湖管理保护投入机制"。特别是在漂浮物清理方面，由于沿岸县（汉源县和石棉县）政府都轻视相关的治理，大量的漂浮物堆积在坝前，主要靠水电公司出资进行坝前"末端处理"。现有机制导致跨行政区域湖库治理经费受到严重制约。本研究提出以下几点建议。

（1）争取中央财政资金支持。大渡河是岷江的一级支流，而瀑布沟是大渡河流域乃至长江流域生态环境保护和修复的主控节点，对于长江流域的生态环境变化和江湖关系演变具有重要调节作用，对于保障长江流域的生态安全具有重要的意义，其治理的好坏事关长江流域和广大人民。因此，大渡河瀑布沟生态治理资金首先应积极争取中央财政资金支持。其中，建议以奖励、补贴、贴息等形式，重点支持流域沿岸饮用水水源保护、污水处理设施（包括多级管网）建设、垃圾处理等重大项目，加大对节水设备、有机肥、污泥衍生产品和低毒低残留农药的资金支持力度。优化政府资金投入，使政府资金使用方向逐步从"补建设"向"补运营"转变。

（2）设立省级和市级湖库生态保护财政专项资金。除了原有的省级、市级环境保护财政专项资金以外，应设立省级、市级湖库生态保护财政专项资金，以用于省级、市级湖库的生态修复、生态保护。相关财政专项资金可从水电开发财政收入中划拨一部分。财政专项资金可重点资助财政紧张的地方政府用于湖库的生态保护与治理工作。建议同时拓宽省级、市级水利建设与发展专项资金的使用范围，使其扩展到水资源节约、水生态保护、水环境治理等领域以及能力建设方面。

（3）各地市政府和企业自筹。除按照"谁污染谁治理，谁破坏谁恢复"的原则，由污染企业负责自身污染治理费用外，各地市也可从库区资源开发或水电开发财政收入中划拨一部分，作为湖库生态保护专项资金。可加大市级财政支持力度，解决下辖县（市、区）资金紧张问题。

（4）鼓励和引导社会资本投入。建立社会资本投资回报机制，改善投资环境，探索政府和社会资本合作模式，鼓励和引导社会资本投入。制定鼓励民营资本参与污水处理设施建设运营的政策以及相关管网建设的规划和用地政策，推进"以政府资金为奖补、乡贤投资、群众集资"的水污染治理资金筹集模式，积极采用政府和社会资本合作（PPP）等新投资方式，多渠道筹集治理资金。

| 第八章 |

从库区环境管理到流域治理的
创新转型

流域是土地规划和水资源、水环境、水生态管控的地理单元，大型水电站库区生态环境都具有流域整体性。但目前库区行政地域上的划分，一定程度上分割了库区水环境、水生态保护的流域完整性。流域和库区的分散式管理体制，破坏了流域生态环境的整体性，严重阻碍了资源的协调发展、合理调度和有效管理。单个库区环境管理不能从根本上满足库区水资源、水环境和水生态保护的需要。而从库区环境管理向流域治理转变，是从根本上改善流域各库区环境质量和生态保护状态的必然需求。因此，应从流域视角优化跨行政区域水电站库区环境管理和生态保护工作，推进全流域生态环境管理体制改革。探索构建科学的流域环境治理体系，保障流域水环境安全，实现流域全面可持续发展，是未来库区水资源、水环境和水生态管理发展的趋势。

一　实行流域治理的优势和特点

流域环境管理和治理的特点是改变库区行政区域控制，实现流域整体控制，从流域层面统筹污染物产生、排放和管理，调整流域内产业结构、规模和布局，从流域生态系统平衡和生物多样性保护角度出发，协调上下游、干支流的关系，形成流域—区域—控制单元的复合管控体系，充分发挥流域内土地资源、水资源、水生生物资源及其他自然资源的生态效益、经济效益和社会效益。

二　单个库区环境管理向流域整体治理转变的思路和原则

大型水库是流域生态环境保护和修复的主控节点，对于流域生态环境变化和江湖关系演变具有重要调控作用。流域整体环境管理涉及流域内水库群综合调度与管理、水环境质量与安全、水库资源可持续利用、生态系统保护与管理等，涉及地域范围广、部门多。库区的环境管理不能单靠库区的努力，必须采取流域综合治理的方式，统筹协调国家与地方、上游与中下游、干流与支流、枢纽工程与库区、近期与远期、保护与开发等各方面的关系。

首先，应统筹兼顾干流、支流，重视入库支流流域的环境综合治理，将入库次级支流及其流经的区域作为库区水环境保护重点区域；其次，应统筹兼顾库区、库外，重视库区以上沿河干流区域环境管理和风险控制；最后，应统筹兼顾水域、陆域，重视库区集雨范围内陆域资源环境开发和环境综合治理。

三 从库区环境管理转向流域治理的建议

库区环境问题是跨地域、跨系统的复杂问题。除水生生物多样性保护问题外，库区绝大部分环境问题的根源在岸上。要从根源上解决问题，需在管理方式上从库区环境管理转向流域整体治理。

目前，生态环境部和水利部完成了"大部制"改革，对职能配置、内设机构和人员编制进行了规定。七大流域管理机构——长江水利委员会、黄河水利委员会、淮河水利委员会、海河水利委员会、珠江水利委员会、松辽水利委员会、太湖流域管理局为水利部派出的流域管理机构，在所管辖的范围内依法行使水行政管理职责。生态环境部在七大流域设置了生态环境监督管理局，作为其派出机构负责七大流域生态环境监管和行政执法相关工作。

根据流域生态环境整体性的要求和生态环境部、自然资源部、水利部及流域管理机构职能调整的现状，省（区、市）内和跨省级流域水电站库区的管理应对全流域各个河段、干支流、上下游区域开发利用和生态保护进行统一管理。

（一）形成流域综合开发利用和生态环境保护统筹管理的工作机制

流域综合开发利用与生态环境保护统筹管理是平衡发展与保护之间关系较为高效的方式。而流域开发与环境管理的体制机制创新是流域生态环境管理的难点。"大部制"机构改革后，生态环境部在七大流域设置了生态环境监督管理局，参与流域生态环境监管，在一定程度上对以往流域管理机构"重开发，轻环保"的局面有改善作用。但流域综合规划和开发职能与生态环境监管职能仍由两部委不同机构承担，导致在运行过程中区域间、部门间、区域与部门间以及环境保护与经济发展之间的利益冲突和矛盾在一定程度上仍会出现。因此，在现有生态环境保护体制下，流域综合开发利用应由生态环境部门与水利部门的派出机构共同参与，协调生态环保利益与发展主义取向之间矛盾。

（二）加强流域综合规划和生态保护规划编制并统筹干支流，引导和整合流域内产业发展和区域开发利用

国家层面仅针对流域干流和主要一级支流的开发利用进行了规划，并未对全流域干支流开发利用规模、强度、方式进行约束性指导。行政分权和审批权下放后，流域内

各省、市、县针对行政管辖内的河段或支流水系进行了综合规划及开发利用规划和项目建设。然而，流域无序开发情况严重，库区分布复杂，环境管理和协调难度大。应从流域管理层面加强前期规划编制，综合考虑流域水资源禀赋、水环境、水生态和社会经济总体发展情况，合理引导流域内不同河段、不同支流内产业发展和区域开发模式和规模等，从源头上减少后期流域环境问题的出现。

（三）从流域视角划定干支流各库区各类生态保护区和发展空间

从流域生态环境和社会经济发展的角度出发，以维护流域生态平衡、绿色发展为目标，划定流域干支流各库区水面和集雨范围内各类生态保护区（包括水生生物、湿地、岸线、水源涵养、水源保护等方面），同时划定产业、生活发展空间区域，为后期流域各库区协调统一环境管理提供现实基础。

（四）建立流域层面多层次生态补偿体系

一方面，流域水环境生态补偿是世界上许多国家对水环境进行有效保护的手段之一。目前大渡河已开展流域跨界水环境生态补偿试点，在一定程度上促进了流域库区集雨区环境质量改善，但是多层次的生态补偿制度并未形成。例如，产业生态补偿方面，实施产业发展的"正面清单"和"负面清单"管理，由库区内"负面清单"产业补偿"正面清单"产业；永续生态补偿方面，库区水电企业一定比例的收益与库区居民共享；等等。另一方面，建立全流域水生生物增殖放流监督管理机构和增殖放流实施效果评价制度。目前，大渡河流域增殖放流以各发电梯级企业为主导，建立了以部分河段和梯级为核心的水生生物增殖放流站，然而不同增殖放流站运行、监管和放流效果很难在流域层面进行统筹管理和监督。因此，亟待从全流域生物多样性保护视角出发，建立水生生物多样性保护的管理监督机构。

| 第九章 |

结论与建议

　　本研究在借鉴国内外流域和库区环境管理经验的基础上，从环境管理角度分析了瀑布沟水电站库区主要生态环境问题和环境管理问题之间的关系，提出了解决上述问题的对策，优化了现行河长制下的库区环境管理机制。鉴于流域生态环境的整体性和生态环境部门、水利部门及流域管理机构职能调整的现状，本研究提出近期对全流域各个河段、干支流、上下游区域开发利用和生态保护进行统一管理；远期从单个库区环境管理到流域生态环境管理再到全流域综合治理的管理转型建议。

一　库区主要生态环境问题

　　瀑布沟水电站库区主要生态环境问题包括部分水质超标、水生生物生境改变和种群发生变化、消落带的环境问题突出等。根据 2018 年 4 月、8 月干流和支流断面监测数据可知，河段大部分水质可达到《地表水环境质量标准》（GB 3838 – 2002）中的Ⅲ类标准，超标指标主要为总磷、总氮、粪大肠菌群。浮游植物在种类和数量上都明显增加，鱼类种类有所减少，适应急流的水底吸着类群（如墨头鱼、平鳍鳅科、鲱科等十余种鱼类）的种群数量有所减少，而适应静水和缓流水环境的平原型鱼类（如鲤、鲫、宽鳍鱲、马口鱼、麦穗鱼和中华鳑鲏等）增加。鱼类产卵场面积和规模缩小。四川省省级保护鱼类在种类组成上没有发生变化，但由于河流生境条件改变，省级保护鱼类的分布区域发生变化。瀑布沟水电站及上下游已建或在建的多座水电站目前均尚未开展过鱼设施建设，鱼类原有生境破坏较为严重，各水电站建设对大渡河流域鱼类具有累积性影响。汉源县、石棉县各行政主管部门对瀑布沟水电站库区消落带的环境问题较为关注。当瀑布沟水库水位处于低点时，石棉县（库尾处）至瀑布沟坝址约 72 千米的河道两侧出现 60 米的消落带。消落带内河滩裸露，受光照和风力影响，存在恶臭和扬尘等环境问题。

二 库区主要环境管理问题

瀑布沟水电站库区环境管理问题主要有库区各部门联动管理需求大，企业与政府环境管理职责界限不明确，库区环境管理综合协调机构有待进一步整合，生态补偿考核断面和考核内容有待完善，库区消落带环境管理问题突出，缺乏统一的环境信息集成管理平台，等等。

（一）库区各部门联动管理需求大

库区环境管理涉及生态环境、水利、农业农村、林业、住建等各类管理部门，不同部门各司其职。由于库区环境本属于一个有机的统一体，各环境要素之间相互关联，因此不同部门的管理内容存在交叉重叠或需要联动的部分。水利、农业农村、林业、住建等部门的行动计划受生态环境部门水质目标管理的约束，同时生态环境部门各类环境整治行动也需要具体工程或事务管理的配合才能完成。另外，瀑布沟水电站库区涉及 2 市（州）3 县，目前库区环境管理仍执行属地管理政策，即库区水面分别由 3 个县各自管理。然而，水环境质量会相互影响，部分污染问题如垃圾漂浮、网箱养殖污染、库区富营养化等难以有效界定责任方。因此与库区环境相关的管理政策及整治行动计划等有必要以库区整体环境质量改善为目标，会同所涉及地市的管理部门统一制定落实。

（二）企业与政府环境管理职责界限不明确

瀑布沟水电站建设单位国电大渡河流域水电开发有限公司负责坝前 500 米范围内水环境保护及库区鱼类增殖放流工作的具体实施。在实际运行中，部分环境管理责任存在界限不明确的问题，如库区水面清漂责任界限不明确等。水面漂浮垃圾的形成与流域范围内垃圾收运体系的建设运行、上游入境垃圾量等有关。清除水面漂浮垃圾是地方政府库区水环境改善的需求，也是水电站正常运行的必要条件。然而，对于库区清漂责任界限，暂无规范性文件进行界定。目前，库区清漂费用基本由企业承担。仅通过频繁地打捞减少水面漂浮垃圾，难以从源头减少漂浮垃圾的产生。

（三）库区环境管理综合协调机构有待进一步整合

瀑布沟水电站库区现有综合协调部门主要有雅安市汉源湖开发管理委员会、各级河长制办公室、各级生态环境保护委员会。各部门成立的初衷均是为地区环境改善进行综合协调服务。虽以上部门侧重点及工作范围有所不同，但总体而言对于瀑布沟水电站库区环境管理职责的设置重复较多。尤其是雅安市汉源湖开发管理委员会与各级河长制办公室的巡查及协调任务较为一致。各协调机构在实际工作过程中由于人员配置、考核目标设置等问题，也通常难以完成全面的职责目标。例如雅安市汉源湖开发管理委员会工作人员少、实际协调能力有限；各级河长制办公室主要负责水质考核断面达标工作；各级生态环境保护委员会则更多集中于环保督察等行动的响应工作，对专门针对库区的环境管理关注较少。瀑布沟水电站库区仍缺少一个针对整个库区的有力、全面的综合协调机构或机制。只有这样的机构或机制，才能够按期巡查发现问题、解决问题，保证断面考核达标，及时响应各类督察要求，有效联动库区相关地市各类各层级管理部门，对部门及企业间的管理分歧做出响应，并根据需要针对整个库区制定相关管理制度及规划计划。

（四） 生态补偿考核断面和考核内容有待完善

瀑布沟水电站库区上下游生态补偿考核断面主要有两个，分别是汉源县大渡河入境三星村断面和出境金口河断面。汉源县出境金口河断面上游有尼日河支流汇入大渡河，而尼日河流域属于甘洛县管辖范围，汉源县无法控制其水质，导致现有考核断面设置不能准确反映汉源县水环境管理效果。同时跨行政区域水环境生态补偿考核未把库区水面漂浮垃圾纳入考核体系。

（五） 库区消落带环境管理问题突出

瀑布沟水电站库区水位处于低位时，消落带面积较大。然而由于土壤水淹与干旱交织的特点，消落带合理开发利用难度大。目前库区消落带建设利用、环境保护等主管部门的职责仍不明确，存在交叉现象，也暂无有效办法消除消落带的环境隐患。

（六） 缺乏统一的环境信息集成管理平台

库区环境管理涉及多个职能部门，水质、水量、生态监测调查数据信息分属不同部门管理，数据的规范性和一致性无法保证，不利于全面掌握库区环境状况。因此有必要搭建库区环境信息集成管理平台，汇总各管理部门掌握的库区相关环境信息，便于库区环境信息统一管理。以大渡河作为试点建设的流域信息共享管理平台有望解决瀑布沟水电站库区环境信息统一管理的问题，但目前该平台尚未搭建完成。

三　国内外流域和库区环境管理经验的启示

参考国内外流域和库区环境管理体制和模式，大渡河流域和瀑布沟库区环境管理可从以下两个方面进行。

一是从根本上改变以行政区划分的管理模式，按照流域范围设置统一的管理机构，并由流域管理机构统筹环境保护和水资源、岸线资源、渔业资源、旅游资源等资源开发和利用工作。完善流域管理机构内部设置，在七大流域层面建立向国务院主要领导汇报机制，在流域内设置各支流流域管理机构。

二是在现有按行政区管理的模式下，强化跨地区之间环境联合管理机制。可考虑设置联席会议制度，加强信息共享、协调沟通等。此外，应加强行政区内部水利、生态环境等部门的协调。目前各级河长制办公室设于各级水行政主管部门，以河流水环境保护为主要职能。建议现阶段在现有河长制框架下，对保护利用规划编制、考核体制和内容、区域联动机制、经费保障等方面进行协调优化；远期根据流域生态环境整体性的要求和生态环境部、水利部及流域管理机构职能调整的状况，针对省内和跨省级流域水电站库区，对全流域各个河段、干支流、上下游区域开发利用和生态保护进行统一管理。

四　现有重要生态环境问题与环境管理对策

（一）库区漂浮物的环境管理对策

1. 重视库区漂浮物污染控制立法，完善水面垃圾治理法律建设

有关水面垃圾的法律法规现在还比较单一，多在《水环境保护法》中涉及相关内容。目前为止，中国还没有系统的关于水面垃圾污染控制的政策或专业性文件。因此，需出台相关的政策及指导性文件；各地区（水域）政府及相关部门可结合自然条件和社会经济发展需求，因地制宜地制定相关的地方政策法规，进而自上而下形成系统的、有针对性的水面垃圾污染防治政策法规体系，以便于各地区、各级政府、各个部门协调管理、分级管理。只有建立完善的水面垃圾治理政策法规体系，并将其融入水域管理体系中，形成齐抓共管的局面，才能有效做好水面垃圾的全范围管理工作。

2. 实行库区漂浮物的监测与报告制度

针对漂浮物水污染突发性和季节性强的特点，建议由

所涉各县湖库开发与生态保护领导小组协调组织相关单位建立监测与报告制度。汛期来临前，各县对辖区内库区及岸边进行定期巡查，重点监测库区上游河道、入库支流、浅滩是否有堆积固体废物、生活垃圾等可能冲入库区的污染源，一旦发现及时进行外运清理。汛期发生特大洪水、暴雨、山洪时，进行特别巡视监测，观察库区上游水面是否形成漂浮物，如有漂浮物出现，初步了解其面积、厚度、种类，认真做好监测记录，出现大面积漂浮物时，及时上报处理。

3. 采取库区漂浮物分段拦截、分段处理措施

治理漂浮物应贯彻标本兼治的原则。目前国电大渡河流域水电开发有限公司在坝前设置了截漂网，汛期截留了大量上游冲刷带入的漂浮物。现由发电企业出资，由打捞船对这些漂浮物进行上岸处置。然而，在坝前清理漂浮物是一种被动应急措施，会给工程运行和清漂工作本身带来安全隐患。库区漂浮物基本都来自集雨范围内的库岸、入库支流及陆域范围，因此治理库区漂浮物必须从库区陆域范围内各县市、乡镇的固体废物、生活垃圾等环境综合治理出发，从源头减少汛期冲入河道和库区形成库区漂浮物。建议按行政区划和大坝权属实施库区漂浮物分段拦截清运，实现库区漂浮物不出辖区。在库区行政区交界处、发电企业坝前权属范围内设置截漂网，分别由漂浮物来源地所属行政区域进行处理，并纳入政府考核体系。

（二） 库区生态养殖环境管理建议对策

针对瀑布沟水电站库区水环境质量较差和部分河段磷超标问题，近期可根据中央环保督察要求对库区无序养殖网箱进行拆除，进行水环境质量综合治理；远期可根据大渡河流域层面水资源、水质目标和水环境容量，统筹规划流域各个库区水面的利用，考虑生态养殖模式，适当养殖虑食性鱼类，发展流域生态养殖。本研究模拟了库区水质状况下养殖容量和流域水库磷元素本底值的养殖容量，为后续流域和库区管理提供一定参考。本研究初步核算大渡河瀑布沟水库正常水位对应水库面积为 84000000 平方米，建议库区网箱养殖总水面面积控制在 521808 平方米内。

（三） 库区水生态保护区的空间管控对策

瀑布沟水电站所在大渡河中游水域为高原鱼类和东部江河鱼类过渡分布的水域，鱼类物种组成较为复杂，物种数也较多。从 1985 年、2002 年、2012 年、2016 年的调查数据看，水库建成蓄水，水文情势发生明显改变后，库区鱼类物种组成及资源量都发生明显变化。为维持大渡河流域和瀑布沟水电站库区水生生物的物种和基因多样性以及一定的物种资源量，建议根据"生态优先""统筹考虑"的原则和大渡河流域干流水电开发水生态影响回顾性评价研究成果，在流域层面划定"三区两段"的水生生物栖息地保护区。其中涉及瀑布沟水电站库区的生态保护区，为瀑布沟库尾产黏沉性卵流水性鱼类栖息地。针对库尾鱼类栖息地保护区，禁止对该区域生态保护对象和生态功能有损害的开发活动。

（四）库区消落带的生态治理和空间管控对策

瀑布沟水电站建成以后，汉源县城周边形成了 60 米左右深度的消落带。①建立库区消落带生态环境影响缓冲隔离区。消落带区域出露时间随水库水位的调控而有所变化，一年内在 790～850 米范围内呈现规律变化。应根据消落带的类型，对土地做出恰当的功能分区，划定生态保护区域，同时在被保护土地与已利用土地之间建立缓冲区域，隔离人类的经常性、生产性活动，从而减少人类活动对库区生态环境的影响。根据消落带出露时间，建议 835 米以下采用混凝土护坡方式，以达到防风固土、阻止土壤氮磷元素带入水体的效果；建议 835～850 米采用生态护坡或者种植耐淹没植物的方式进行生态治理，以起到阻污截污、保护下层消落带的作用；建议 850 米以上种植经济林木或特色植物等。②控制消落带点源污染。瀑布沟水电站水库蓄水后，沿岸零星工业及生活污水中的污染物逐渐在消落带富集。特别是水库上游唐家乡铅锌矿、九襄镇小型工业企业污水的排放对水体的污染贡献率越来越高。因此，瀑布沟水电站库区必须加强工业等点源污染的防治工作，从源头上控制外源性营养物质和污染物输入。③控制消落带面源污染。消落带沿岸农村面源污染日益严重，例如汉源新县城建设过程中以及居民生活污染物的排放，对库区水体产生较大影响。同时，在瀑布沟水电站消落带沿岸所规划的富泉工业园区也是潜在的污染源。此外，人们从事农业生产活动时产生的面源污染越来越严重，包括化肥、农药及农田水土流失等造成的水体污染。因此必须加大消落带面源污染治理力度。④科学规划，加强管理。瀑布沟水电站消落带环境治理是一项跨地区、跨部门、跨行业的系统工程。湖库开发与生态保护领导小组在编制环境规划和计划的过程中，应把消落带环境保护目标、任务、措施放在相应重要的位置。同时，应该与汉源矿区规划、新县城建设规划有机结合起来，通过有步骤地实施，达到从根本上解决消落带环境问题的目的。

（五）从库区和流域的水环境生态补偿向全面生态补偿转化

瀑布沟水电站库区所在的大渡河流域已试点开展了流域水环境生态补偿工作。四川省统一部署，实施岷江重要支流交界断面上下游地方政府之间的水环境横向生态补偿，贯彻《四川省"三江"流域水环境生态补偿办法（试行）》，实施流域上下游各扩权县之间的横向水环境生态补偿。但是在水环境生态补偿考核断面和考核指标中，库区属地内的漂浮垃圾治理未纳入考核范畴，导致不能从根源上解决问题。建议下一步将库区漂浮物纳入上下游生态补偿考核范畴。

五　现有河长制下库区环境管理的
优化与完善

（一）河长制的完善与日常管理权限的强化

基于现有河长制的规定，四川省内设立总河长、副总河长、（跨行政区域）河流湖泊省级河长（如大渡河河长）、市级河段的河长，以及市级以下河长和基层河长。省级的总河长负责全省河长制工作；副总河长、河流湖泊省级河长，由省委、省人大常委会、省政府、省政协领导担任，负责组织领导相应河道管理和保护工作，履行"管、治、保"三位一体的职责，协调解决重大问题，对相关部门和下一级河长履职情况进行督导。各省级河长确定对应省级联系部门，协助河长负责日常工作。市、县（市、区）、乡镇（街道）党政主要负责同志担任本行政区域总河长，负责本行政区域河长制工作。市、县（市、区）、乡镇（街道）、村（社区）内所有河流、湖泊分级分段设立河长。重要河道所在断面河道由当地主要领导担任河长。跨行政区域的河道，原则上由共同的上级领导担任河长。市、县两级河长设立相应的联系部门，协助河长负责日常工作。村级河长延伸到水库集雨区的沟、渠、溪、塘等小微水体。各地河长名单变动后，应及时报送上一级河长制办公室。各级河长都需履行"管、治、保"三位一体的职责。考核机制采取下沉一级的方式，即上一级河长通过相应层级的河长办对下一级河长开展工作考评，省级总河长、副总河长以及河流湖泊省级河长通过省河长办对市级河长进行考核，县（市、区）级河长由市级河长办来考核，乡镇（街道）级河长由县（市、区）级河长办考核。

（二）考核制度的完善

第一，需要加强责任落实与督查考核机制的细化。省级层面应出台相关的工作方案，明确各部门和集雨区所涉及各市的职责，推出相应的考核管理办法，改变互相"踢皮球"的弊端。市级层面根据省级层面的工作要求，制定本市内各部门和各县（市、区）的职责，推出与之相应的考核管理办法。省、市相应层级的党委组织部负责各部门、各县（区、市）领导班子和领导干部绩效考核，并把相关内容作为党风廉政建设责任制考核范围。对党政领导干部实行问责，明确奖惩措施，建议建立每月考核通报机制与"一票否优"机制，推动湖库治理的有效开展。在全省组建相应数量的督导组，每个督导组固定负责一个市，对其进行跟踪督导，每季度赴下辖县（市、区）进行督导。

第二，应加入真正的第三方考核机制，并将第三方考核的结果向公众公布，以实行社会监督，确保考核的真实性，并且在以下方面进行推进。①第三方考核评估的制度建设。第三方考核评估是基于"委托—代理"的一种契约关系，而契约关系的实现需要制度的保障。《四川省河长制工作省级考核办法（试行）》《四川省全面建立河长制工作验收办法》提出了考核办法主要适用范围是市级总河长、市级河长和市级河长制办公室及省直有关部门。主要考核内容涵盖水资源保护、河湖水域岸线管理保护、水污染防治、水环境治理、水生态修复和执法监督六大方面。考核主要分为自查、考评和审定，考核结果分为优秀、良好、合格和不合格四个等次。考核结果将被作为领导干部自然资源资产离任审计和生态环境损害责任追究的重要内容，不合格的河长将有可能被约谈甚至问责。然而，考核办法的落实主要依靠自上而下的方式，其他形式依然处于空白状态。本报告认为，需要从省级层面出台《考核办法》的修订版本，并且明确河长督查制度的落实、河长会议制度的落实、信息管理与共享制度、报告制度、河长巡河制度以及其他涉及水资源保护、河湖水域岸线管理保护、水污染防治、水环境治理、水生态修复和执法监督等方面可由第三方评估机构进行补充考核，从制度层面确立第三方评估机构参与河长制考核的合法地位和权威性，为评估工作的顺利开展奠定基础。同时，可出台相关的第三方评估规范，从评估机构资质、考核程序、标准规范、录入规范、数据/信息的获取、调查人员专业化能力与资质、结果使用等方面对评估质量和结果进行制度保障。②第三方评估主体结构的优化。现有环境咨询的第三方评估队伍主要由科研机构和高校组成。河长制考核工作的深度推进，对评估机构和人员的专业知识和技术方法提出更高的要求。建议吸纳更广泛的科研团体、社会组织参与其中，打造一支专家和行家联手的评估队伍。③建立考核信息公开和评估结果运用机制。首先，必须建立健全与流域治理相关的信息公开机制。获取大量丰富、真实的工作信息是评估工作开展的前提条件。因此，信息公开是考核工作开展的第一步，要依托"互联网＋"时代电子政务建设，建立信息网络公开平台，以保证社会公众和第三方评估机构获取关于河长制工作开展的有效信息。其次，建立健全评估结果公开和反馈机制。建立第三方评估结果的动态发布机制，将评估工作的流程、指标、结论公之于众，实现全社会对评估工作的监督。评估过程完结后，整理评估结果生成具体的评估报告，并在第一时间反馈给相关职能部门，为往后的河长制与流域规划和治理工作提供参考依据。

（三）建立统一监管平台和生态环境大数据

大渡河瀑布沟水电站库区水质、水量、水生态、渔业资源及生态流量监测调查数据采集分属于生态环境、水利、农业农村（渔业）等部门和发电企业，存在数据采集规范不一致、数据共享渠道不顺畅等问题，对于全面掌握库区及流域生态环境状况，指导库区及流域生态环境保护工作不利。由于大部制"三定方案"明确建立流域生态环境监督管理局，主要负责流域生态环境监管和行政执法相关工作，因此，将库区及流域生态环境基础数据统一汇总搭建重点库区和流域生态环境基础数据管理平台，并与生态环境污染应急平台接轨，有利于从流域层面全面掌握全流域和各库区生态环境现状，充分了解现存和潜在的生态环境问题，支持后期流域生态环境监管和执法工作。

（四）优化跨行政区域湖库环境管理制度

瀑布沟水电站库区涉及 2 市（州）和 3 县的行政区域。需要对省内涉湖库综合利用与生态保护规划联合编制与实施制度、区域联动机制、全面生态补偿转化机制以及经费保障措施等进行调整和优化，使四川省河长制在相关问题治理方面实现整体性与协调性相统一。

1. 建立省内涉湖库综合利用与生态保护规划联合编制与实施制度

由领导小组办公室负责委托专业机构编制规划报告，对规划报告质量进行审查把关，对符合要求的规划组织实施。既有规划及实施情况，由领导小组办公室负责跟进。正在进行或拟开展的规划，由领导小组办公室征求各成员单位意见，并通过例会制度解决编制规划过程中的争议。同时建议推广使用拟开展的规划目录清单，并制定实施方式。正在编制过程中的规划，由领导小组办公室负责跟进编制进度和质量。既有规划联合实施方式，按照规划方案要求，由领导小组办公室统筹协调并落实好牵头单位。各成员单位应相互协作，完成规划目标和任务。实施过程中部门间／各地市间的争议，可以通过河长会议制度进行协商。

2. 构建区域联动机制

建议省政府出台以相邻属地政府为主体的"省、市、县"三级跨区域湖库生态环境治理协调机制，探索联动一体化、联防责任化、联治高效化、协商常态化的跨行政区域湖库生态环境治理模式。从省级层面，推动建立联合会商、联合通报、联合监测、联合执法和联合督查的五大工作机制。通过领导小组的例会制度，沟通、协商、解决各部门、各县（区、市）和各发电企业有关湖库生态治理的问题。

3. 优化完善现有河长制工作流程与考核内容

应将库区漂浮物的环境管理，纳入上下游生态补偿考核中。目前实施的流域上下游各扩权县之间的横向水环境生态补偿，未能从根源上解决漂浮物问题。针对库区消落带环境管理问题，可根据前文所述，成立在党委办公厅（室）下面的河长办进行日常工作。漂浮物的问题一般归口于城市管理部门进行管理，但由于其属于领导小组成员，因此可通过领导小组的日常会议及河长办的日常会议进行协商与衔接。同时，漂浮物的问题需同时纳入年度考核指标，考核方案的年度指标可由省级政府制定，然后各地根据这个年度指标进行年度考核，并根据当年考核完成情况与相关数据制定下一年度的考核指标。

4. 调整和优化经费保障机制

①争取中央财政资金支持。针对大渡河瀑布沟生态治理，应积极争取中央财政资金的支持，并优化使用方向，

使其逐步从"补建设"向"补运营"转变。②设立省级和市级湖库生态保护财政专项资金。③鼓励各地市政府和企业积极自筹资金。④鼓励和引导社会资本投入。

六 从单个库区环境管理到流域生态环境管理再到全流域综合治理的管理转变建议

根据流域生态环境整体性和生态环境部、水利部及流域管理机构职能调整的现状,应对全流域各个河段、干支流、上下游区域开发利用和生态保护进行统一管理。

一是建立"流域综合开发利用和生态保护"统筹管理的工作机制。在现有生态环境体制下,流域与库区的综合开发利用,应由生态环境部门与水利部门的派出机构共同参与,协调生态环保利益与发展主义取向之间的矛盾。

二是加强流域综合开发利用规划和生态保护规划编制并统筹干支流,引导和整合流域内产业发展和区域开发利用。应从流域管理层面加强前期规划编制,统筹水资源禀赋、水环境、水生态和社会经济总体发展情况,约束和引导流域内不同河段、支流内产业发展和区域开发的模式和规模等。从源头上减少后期流域和库区环境问题的出现。

三是从流域视角划定水库群的各类生态保护区和发展空间。从流域生态环境和流域社会经济的角度,以维护流域生态平衡、绿色发展为目标,划定流域干支流各库区水面和集雨范围内各类生态保护区,同时划定产业、生活发展空间区域,为后期流域和库区协调统一环境管理提供现实基础。

四是建立流域层面多层次生态补偿体系。一方面,实行流域层面多层次的生态补偿制度。如产业生态补偿,即实施产业发展的"正面清单"和"负面清单"管理,由库区内"负面清单"产业补偿"正面清单"产业;永续生态补偿,即库区水电企业一定比例的收益与库区居民共享;等等。另一方面,建立全流域水生生物增殖放流体系和实施效果评估体系。从全流域生物多样性保护视角出发,建立水生生物多样性保护的管理监督机构,监管、评估全流域增殖放流工作和效果评估等工作。

参考文献

[1] Ouyang W. , Hao F. H. , Zhao C. , et al. , "Vegetation Response to 30 Years Hydropower Cascade Exploitation in Upper Stream of Yellow River," *Communications in Nonlinear Science and Numerical Simulation* 15 (2010): 1928 – 1941.

[2] Collier M. , Webb R. H. , Schmidt J. C. , *Dams and Rivers: A Primer on the Downstream Effects of Dams*(Virginia: Diane Publishing, 1996).

[3] Petts G. E. , "Rivers: Dynamic Components of Catchment Ecosystems," in Calow P. , Petts G. E. , eds. , *The River Handbook Hydrological and Ecological Principles*(Vol. 2) (Oxford: Blackwell, 1994), pp. 3 – 22.

[4] 徐泽平:《水电工程设计施工中的生态环境问题与对策》,《中国水利水电科学研究院学报》2005 年第 4 期。

[5] 陈奇伯、和浩、齐红梅:《水电站施工期的水土流失特点及防治措施》,《水土保持通报》2009 年第 3 期。

[6] Petts G. , *Impounded Rivers: Perspectives for Ecological Management* (New York: Wiley, Chichebster, 1984).

[7] Hart D. D. , Poff N. L. , "A Special Section on Dam Removal and River Restoration," *Bioscience* 52 (2002): 653 – 655.

[8] Ward J. V. , Stanford J. A. , *The Ecology of Regulated Streams* (New York: Plennum Press, 1979).

[9] Bonacci O. , Bonacci R. T. , "The Influence of Hydroelectrical Development on the Flow Regime of the Karstic River Cetina," *Hydrological Process* 17 (2003): 1 – 16.

[10] Walling D. E. , Webb B. W. , "Water Quality: Physical Characteristics,"in Calow P. , ed. , *The Rivers Handbook* (Oxford: Blackwell, 1999), p. 58.

[11] Muth R. T. , Crist L. W. , Lagory K. E. , et al. , Flow and Temperature Recommendations for Endangered Fishes in the Green River Downstream of Flaming Gorge Dam, (2000 – 09 – 01) [2010 – 09 – 10], http: //coloradoriverrecovery. org/documents-publications/technical-reports/isf/flaminggorgeflowrecs. pdf.

[12] 姚维科、崔保山、刘杰、董世魁：《大坝的生态效应：概念、研究热点及展望》,《生态学杂志》2006 年第 4 期。

[13] 钟华平、刘恒、耿雷华：《澜沧江流域梯级开发的生态环境累积效应》,《水利学报》2007 年第 1 期。

[14] Asian International River Center (亚洲国际河流), The

Ecological Effects of Existed Lancang River Cascade Dams, (2005 - 10 - 05) [2010 - 09 - 10], http://www. lancang-mekong. org/Upload/upfile/2006310181649174. pdf.

[15] 方子云：《水利建设的环境效应分析与量化》，中国环境科学出版社，1993。

[16] 徐琪：《三峡工程对生态环境影响及对策研究进展》，《土壤学报》1993 年第 1 期。

[17] 侯学煜：《论三峡工程对生态环境和资源的影响》，《生态学报》1988 年第 3 期。

[18] 段德寅、傅抱璞、王浩、钟美娜、朱卓超、骆桂英：《三峡工程对气候的影响及其对策》，《湖南师范大学自然科学学报》1996 年第 1 期。

[19] Frutiger A. , "Ecological Impacts of Hydroelectric Power Production on the River Ticino. Part 2: Effects on the Larval Development of the Dominant Benthic Macroinvertebrate (Allogamusauricollis, Trichoptera) , " *Archive Für Hydrobiologie* 159 (2004): 57 - 75.

[20] Fearnside P. M. , "Greenhouse Gas Emissions from a Hydroelectric Reservoir (Brazil's Tucurui Dam) and the Energy Policy Implications, " *Water Air and Soil Pollution* 133 (2002): 69 - 96.

[21] Gagnon L. , Chamberland A. , "Emission from Hydroelectric Reservoirs and Comparison of Hydroelectricity, Natural Gas and Oil, " *Ambio* 22 (1993): 568 - 569.

[22] Aberg J. , Bergstrom A. K. , Algesten G. , et al. , "A Comparison of the Carbon Balances of a Natural Lake (L. Ortrasket) and a Hydroelectric Reservoir (L. Skinnmuddselet) in Northern Sweden," *Water Research* 38 (2004): 531 - 538.

[23] Tremblay A. , Varfalvy L. , Roehm C. , et al. , The Issue of Greenhouse Gases from Hydroelectric Reservoirs: From Boreal to Tropical Regions, (2004 - 10 - 29) [2010 - 09 - 10], http://www. un. org/esa/sustdev/sdissues/energy/op/hydro_ tremblaypaper. pdf.

[24] Mallik A. U. , Richardson J. H. , "Riparian Vegetation Change in Upstream and Downstream Reaches of Three Temperate Rivers Dammed for Hydroelectric Generation in British Columbia, Canada," *Ecological Engineering* 35 (2009): 810 - 819.

[25] Naiman R. J. , Décamps H. , Pollock M. , "The Role of Riparian Corridors in Maintaining Regional Biodiversity," *Ecological Application* 3 (1993): 209 - 212.

[26] U. S. National Research Council, *Riparian Areas: Functions and Strategies for Management* (Washington: National Academic Press, 2002).

[27] Welsh H. H. , Droege S. , "A Case for Using Plethodontid Salamanders for Monitoring Biodiversity and Ecosystem Integrity of North American Forests," *Conservation*

Biology 15 (2001): 558 – 569.

[28] Richardson J. S. , Danehy R. J. , "A Synthesis of the Ecology of Headwater Streams and Their Riparian Zones in Temperate Forests, " *Forest Science* 53 (2007): 131 – 147.

[29] Lamb E. G. , Mallik A. U. , "Plant Species Traits across a Riparian-zone/Forest Ecotone, " *Journal of Vegetable Science* 14 (2003): 853 – 858.

[30] Stewart K. J. , Mallik A. U. , "Bryophytes Responses to Microclimatic Edge Effects across Riparian Buffers, " *Ecological Application* 16 (2006): 1474 – 1486.

[31] Rood S. B. , Mahoney J. M. , Read D. E. , et al. , "Instream Flows and Decline of Riparian Cottonwoods along the St. Mary's River, Alberta, " *Canadian Journal of Botany* 73 (1995): 1250 – 1260.

[32] Rood S. B. , Kalischuk A. R. , Mahoney J. M. , "Initial Cottonwood Seedling Recruitment Following the Flood of the Century of the Oldman River, Alberta, Canada, " *Wetlands* 18 (1998): 557 – 570.

[33] Rood S. B. , Mahoney J. M. , "Prescribing Flood Regimes to Sustain Riparian Ecosystems along Meandering Rivers, " *Conservation Biology* 14 (2000): 1467 – 1478.

[34] Hibbs D. E. , Bower A. L. , "Riparian Forests in the Oregon Coastal Range, " *Forest Ecology and Management* 154 (2001): 201 – 213.

[35] Mallik A. U. , Lamb E. G. , Rasid H. , "Vegetation Zonation among the Microhabitats of an Artificial River Channel: Analysis and Application of Below-ground Species Trait Patterns, " *Ecological Engineering* 18 (2001): 135 – 146.

[36] Richardson J. S. , Naiman R. J. , Swanson F. J. , et al. , "Riparian Communities Associated with Pacific Northwest Headwater Streams: Assemblages, Processes, and Uniqueness, " *Journal of the American Water Resources Association* 41 (2005): 935 – 947.

[37] Magilligan F. J. , Nislow K. H. , Graber G. E. , "Scale-independent Assessment of Discharge Reduction and Riparian Disconnectivity Following Flow Regulation by Dams, " *Geology* 31 (2003): 569 – 572.

[38] 王强、刘红、袁兴中、孙荣、王建修:《三峡水库蓄水后澎溪河消落带植物群落格局及多样性》,《重庆师范大学学报》(自然科学版) 2009 年第 4 期。

[39] 谭淑端、王勇、张全发:《三峡水库消落带生态环境问题及综合防治》,《长江流域资源与环境》2008 年第 Z1 期。

[40] Rood S. B. , Samuelson G. B. , Braatne J. H. , et al. , "Managing River Flows to Restore Floodplain Forests, " *Frontiers in Ecology and the Environment* 3 (2005): 193 – 201.

[41] Nilsson C. , Svedmark M. , "Basic Principles and Ecolog-

ical Consequences of Changing Water Regimes: Riparian Plant Communities, " *Environmental Management* 30 (2002): 468 – 480.

[42] Franklin S. B. , Kupfer J. A. , Pezeshki S. R. , et al. , "A Comparison of Hydrology and Vegetation between a Channelized Stream and a Nonchannelized Stream in Western Tennessee, " *Physical Geography* 22 (2001): 254 – 274.

[43] Marston R. A. , Mills J. D. , Wrazien D. R. , et al. , "Effects of Jackson Lake Dam on the Snake River and Its Floodplain, Grand Teton National Park, Wyoming, USA, " *Geomorphology* 71 (2005): 79 – 98.

[44] Lytle D. A. , Poff N. L. , "Adaptation to Natural Flow Regimes, " *Trends in Ecology and Evolution* 19 (2004): 94 – 100.

[45] Jansson R. , Nilsson C. , Renöfält B. , "Fragmentation of Riparian Floras in Rivers with Multiple Dams, " *Ecology* 81 (2000): 899 – 903.

[46] Fahrig L. , Merriam G. , "Conservation of Fragmented Populations, " *Conservation Biology* 8 (1994): 50 – 59.

[47] Ligon F. K. , Dietrich W. E. , Trush W. J. , "Downstream Ecological Effects of Dams, " *Bioscience* 45 (1995): 183 – 192.

[48] Ward J. V. , Stanford J. A. , "Ecological Connectivity in Alluvial River Ecosystems and Its Disruption by Flow

Regulation," *Regulated Rivers: Research and Management* 11 (1995): 105 – 119.

[49] Bain M. B. , Boltz J. M. , *Importance of Floodplain Wetlands to Riverine Fish Diversity and Production: Study Plan and Hypothesis* (Alabama: Auburn University Press, 1989).

[50] Lambou V. W. , "The Importance of Bottomland Hardwood Forest Zones to Fish and Fisheries: The Atchafalaya Basin, a Case History," in Gosselink J. G. , Lee L. C. , Muir T. A. , eds. , *Ecological Processes and Cumulative Impacts: Illustrated by Bottomland Hardwood Wetland Ecosystems*(Chelsea: Lewis Publishers, 1990), pp. 125 – 193.

[51] Walker M. D. , Fish Utilization of an Inundated Swampstream Floodplain(Master's Thesis, East Carolina University, 1984), p. 72.

[52] Howell P. , Hutchison J. , Hooton R. , *McKenzie Subbasin Fish Management Plan* (Portland: Oregon Department of Fish and Wildlife Press, 1988).

[53] Morita K. , Yamamoto S. , "Effects of Habitat Fragmentation by Damming on the Persistence of Stream-dwelling Charr Populations," *Conservation Biology* 16 (2002): 13 – 18.

[54] James G. D. , Deverall K. D. , "Quinnat Salmon Spawning in the Lower Waitaki and Hakataramea Rivers," in Freshwater Fisheries Centre, ed. , *New Zealand Fresh-*

water Fisheries Report No. 93 (New Zealand: New Zealand Ministry of Agriculture and Fisheries, 1987) , pp. 1959 – 1986.

[55] Barrow C. , "The Impact of Hydroelectric Development on the Amazonian Environment: With Particular Reference to the Tucurui Project, " *Journal of Biogeography* 15 (1988) : 67 – 78.

[56] Saito L. , Johnson B. M. , Bartholow J. , et al. , "Assessing Ecosystem Effects of Reservoir Operations Using Food Web-energy Transfer and Water Quality Models, " *Ecosystems* 4 (2001) : 105 – 125.

[57] 隋欣、杨志峰:《龙羊峡水库蓄水对水温的净影响》,《水土保持学报》2005 年第 3 期。

[58] 苏维词:《乌江流域梯级开发的不良环境效应》,《长江流域资源与环境》2002 年第 4 期。

[59] 王朝晖、韩博平、胡韧、林秋奇:《广东省典型水库浮游植物群落特征与富营养化研究》,《生态学杂志》2005 年第 4 期。

[60] 周建波、袁丹红:《东江建库后生态环境变化的初步分析》,《水力发电学报》2001 年第 4 期。

[61] Goldman C. R. , "Ecological Aspects of Water Impoundment in the Tropics, " *Unasylva* 31 (1979) : 2 – 11.

[62] Caufield C. , *In the Rainforest* (London: Pan Books, 1985) .

[63] 刘兰芬:《河流水电开发的环境效益及主要环境问题研究》,《水利学报》2002 年第 8 期。

[64] Johnson P. T. J. , Olden J. D. , Vander Zanden M. J. , "Dam Invaders: Impoundments Facilitate Biological Invasions into Freshwaters," *Frontiers in Ecology and the Environment* 7 (2008): 357 – 363.

[65] Kolar C. S. , Lodge D. M. , "Freshwater Nonindigenous Species: Interactions with other Global Changes," in Mooney H. A. , Hobbs R. J. , eds. , *Invasive Species in a Changing World*(Washington, DC: Island Press, 2000), pp. 3 – 30.

[66] Shea K. , Chesson P. , "Community Ecology Theory as a Framework for Biological Invasions," *Trends in Ecology and Evolution* 17 (2002): 170 – 176.

[67] Havel J. E. , Lee C. E. , Vander Zanden M. J. , "Do Reservoirs Facilitate Invasions into Landscapes?" *Bioscience* 55 (2005): 518 – 525.

[68] Ricciardi A. , Rasmussen J. B. , "Extinction Rates of North American Freshwater Fauna," *Conservation Biology* 13 (1999): 1220 – 1222.

[69] Dudgeon D. , Arthington A. H. , Gessner M. O. , et al. , "Freshwater Biodiversity: Importance, Threats, Status and Conservation Challenges," *Biological Reviews* 81 (2006): 163 – 182.

[70] Micklin P. P. , "Desiccation of the Aral Sea: A Water Management Disaster in the Soviet Union, " *Science* 241 (1988): 1170 – 1176.

[71] Gehrke P. C. , Brown P. , Schiller C. B. , et al. , "River Regulation and Fish Communities in the Murray-Darling River System, Australia, " *Regulated Rivers: Research & Management* 11 (1995): 363 – 375.

[72] Kingsford R. T. , Thomas R. F. , "The Macquarie Marshes in Arid Australia and Their Waterbirds: A 50 Year History of Decline, " *Environmental Management* 19 (1995): 867 – 878.

[73] Kingsford R. T. , "Ecological Impacts of Dams, Water Diversions and River Management on Floodplain Wetlands in Australia, "*Austral Ecology* 25 (2000): 109 – 127.

[74] Kingsford R. T. , Johnson W. , "The Impact of Water Diversions on Colonially Nesting Waterbirds in the Macquarie Marshes in Arid Australia, " *Colonial Waterbirds* 21 (1999): 159 – 170.

[75] Craig A. E. , Walker K. F. , Boulton A. J. , "Effects of Edaphic Factors and Flood Frequency on the Abundance of Lignum (Muehlenbeckia Florulenta Meissner) (Polygonaceae) on the River Murray Floodplain, South Australia, " *Australian Journal of Botany* 39 (1991): 431 – 443.

[76] Bren L. J. , "Modelling the Influence of River Murray

Management on the Barmah River Red Gum Forests,"
Australian Forestry 54 (1991): 9 – 15.

[77] Bacon P. E. , Stone C. , Binns D. L. , et al. , "Relation-
ships between Water Availability and Eucalyptus Ca-
maldulensis Growth in a Riparian Forest," *Journal of
Hydrology* 150 (1993): 541 – 561.

[78] Stone C. , Bacon P. E. , "Relationships among Moisture
Stress, Insect Herbivory, Foliar Cineole Content and the
Growth of River Red Gum (eucalyptus camaldulensis) ,"
Journal of Applied Ecology 31 (1994): 604 – 612.

[79] Leslie D. J. , *Moira Lake: A Case Study of the Deteriora-
tion of a River Murray Natural Resource MSc Thesis* (Mel-
bourne: University of Melbourne, 1995)

[80] 吴龙华:《长江三峡工程对鄱阳湖生态环境的影响研
究》,《水利学报》2007 年第 38 期。

[81] 朱海虹:《鄱阳湖候鸟越冬地生态环境及三峡工程对
其影响的预测》,《湖泊科学》1989 年第 1 期。

[82] 邝凡荣:《浅析长江三峡工程对洞庭湖区生态环境的
影响》,《湖南农业科学》2001 年第 1 期。

[83] Maheshwari B. L. , Walker K. F. , McMahon T. A. ,
"Effects of Regulation on the Flow Regime of the River
Murray, Australia," *Regulated Rivers: Research & Man-
agement* 10 (1995): 15 – 38.

[84] Boulton A. J. , Lloyd L. N. , "Aquatic Macroinvertebrate

Assemblages in Floodplain Habitats of the Lower River Murray," *Regulated Rivers: Research & Management* 6 (1991): 183 – 201.

[85] Boulton A. J. , Lloyd L. N. , "Flooding Frequency and Invertebrate Emergence from Dry Floodplain Sediments of the River Murray, Australia," *Regulated Rivers: Research & Management* 7 (1992): 137 – 151.

[86] Bennison G. , Sullivan C. , Suter P. , "Macroinvertebrate and Phytoplankton Communities of the River Murray," in Dendy T. , and Coombe M. , eds. , *Conservation in Management of the River Murray System: Making Conservation Count Proceedings of the Third Fenner Conference* (Canberra: Environment and Planning for Australian Academy of Science, 1991), pp. 231 – 239.

[87] Thornton S. A. , Briggs S. V. , "A Survey of Hydrological Changes to Wetlands of the Murrumbidgee River," *Wetlands* 13 (1994): 1 – 13.

[88] Ward J. V. , "The Four Dimensional Nature of Lotic Ecosystems," *Journal of the North American Benthological Society* 8 (1989): 2 – 81.

[89] 覃凤飞、安树青、卓元午等:《景观破碎化对植物种群的影响》,《生态学杂志》2003 年第 3 期。

[90] Ouyang W. , Skidmore A. K. , Hao F. H. , "Accumulated Effects on Landscape Pattern by Hydroelectric Cascade Ex-

ploitation in the Yellow River Basin from 1977 to 2006,"
Landscape and Urban Planning 93 (2009): 163 – 171.

[91] 师旭颖、郝芳华、林隆、欧阳威:《黄河水电开发区域土地利用与景观格局分析》,《水土保持研究》2009 年第 4 期。

[92] 杨昆、邓熙、李学灵、闻平:《梯级开发对河流生态系统和景观影响研究进展》,《应用生态学报》2011 年第 5 期。

[93] 朱亚新:《太湖水环境管理体制研究》,硕士学位论文,同济大学,2008。

[94] 杨志峰、冯彦、王烜、张文国:《流域水资源可持续利用保障体系——理论与实践》,化学工业出版社,2003。

[95] 梁福庆:《三峡水库综合管理创新研究》,《中国工程咨询》2011 年第 11 期。

[96] 梁福庆:《基于三峡水库综合管理的库区生态安全创新研究》,《中国水利》2011 年第 8 期。

[97] 杨春艳:《三峡库区政府环境管制问题研究》,硕士学位论文,重庆大学,2015。

[98] 单晓东:《太湖流域管理条例——开启太湖流域综合管理新篇章》,《中国水利报》2011 年第 8 期。

[99] 张艳洁:《我国跨区域流域水管理体制分析——以太湖流域为例》,《经济研究导刊》2018 年第 1 期。

[100] 庄丽贤:《新丰江水库水源保护与防治措施分析》,

《资源节约与环保》2013 年第 7 期。

[101] 杨朝晖、褚俊英、陈宁、贺华翔:《国外典型流域水资源综合管理的经验与启示》,《水资源保护》2016年第 3 期。

[102] 袁群:《国外流域水污染治理经验对长江流域水污染治理的启示》,《水利科技与经济》2013 年第 4 期。

[103] 张贺全、逯庆章:《三江源自然保护区和试验区关系研究》,《人民论坛》2012 年第 9 期。

[104] 青海省地方志编纂委员会:《青海省志—自然地理志》,黄山书社,1995。

[105] 四川省志办:《四川省志—地理志（上、下册）》,地图出版社,1996。

[106] 四川省地方志编纂委员会:《四川省志—地理志（上、下）》,四川人民出版社,1996。

[107] 兰惠娟、刘登禹、杨欣伟、徐国城、郑凯源:《瀑布沟库区汉源县城消落带生态治理综合研究》,《赤峰学院学报》（自然科学版）2015 年第 4 期。

[108] 仲雨猛:《汉源瀑布沟水电站消落区磷释放特征及风险识别》,硕士学位论文,四川农业大学,2010。

[109] P. J. Dillon, and F. H. Rigler, "The Phosphorus Chlorophyll Relationship in Lakes," *Limnology and Oceanography* 19(1974): 767 – 773.

[110] D. P. Larsen, and H. T. Mercier, "Phosphorus Retention Capacity of Lakes," *Journal of the Fisheries Re-*

search Board of Canada 33(1976): 1742 – 1750.

[111] 贝弗里奇编《网箱和栅栏养鱼: 养殖容量模型和对环境的影响》, 卢庠克等译, 中国农业科技出版社, 1988。

[112] R. A. Vollenweider, Scientific Fundamentals of the Eutrophication of Lakes and Flowing Waters, with Particular Reference to Nitrogen and Phosphorous as Factors in Eutrophication, Organization for Economic Co-Operation and Development, Directorate for Scientific Affairs, Paris, 1968.

图书在版编目（CIP）数据

跨行政区水电站库区环境管理体制机制研究：以大
渡河瀑布沟水电站为例／杨昆编著． -- 北京：社会科
学文献出版社，2020.11
　　ISBN 978 - 7 - 5201 - 6518 - 1

　　Ⅰ.①跨… Ⅱ.①杨… Ⅲ.①水力发电站 - 水库环境
- 环境管理 - 研究 - 四川　Ⅳ.①X321.271.021

　　中国版本图书馆 CIP 数据核字（2020）第 061064 号

跨行政区水电站库区环境管理体制机制研究
　　——以大渡河瀑布沟水电站为例

编　　著／杨　昆

出 版 人／谢寿光
责任编辑／韩莹莹

出　　版／社会科学文献出版社·人文分社（010）59367215
　　　　　　地址：北京市北三环中路甲 29 号院华龙大厦　邮编：100029
　　　　　　网址：www.ssap.com.cn
发　　行／市场营销中心（010）59367081　59367083
印　　装／北京建宏印刷有限公司

规　　格／开　本：880mm×1230mm　1/32
　　　　　　印　张：6.625　字　数：130 千字
版　　次／2020 年 11 月第 1 版　2020 年 11 月第 1 次印刷
书　　号／ISBN 978 - 7 - 5201 - 6518 - 1
定　　价／88.00 元